受端主网架
安全稳定保障技术

国网河北省电力有限公司经济技术研究院 编

中国电力出版社
CHINA ELECTRIC POWER PRESS

内 容 提 要

为全面落实我国电力能源发展战略、支撑受端主网架发展,本书针对当前制约受端主网架发展的安全稳定问题,从分析评估、规划设计、运行优化、调度控制、运维检修等主要方面,介绍了一系列受端主网架安全稳定保障技术。主要内容包括受端主网架的安全与稳定、受端主网架的仿真计算与分析、受端主网架的薄弱环节评估技术、受端主网架的电网规划技术、受端主网架的可再生能源适应性评价与优化技术、受端主网架的电压控制技术、受端主网架的动态无功优化配置技术和受端主网架的分区运行技术。

本书可作为从事受端主网架科学研究和技术服务等相关人员的参考用书,也可供从事电力系统分析、规划、运行、控制及管理工作的相关人员学习使用,对于提升受端主网架的安全稳定水平有着积极的参考意义。

图书在版编目(CIP)数据

受端主网架安全稳定保障技术 / 国网河北省电力有限公司经济技术研究院编 . —北京:中国电力出版社,2021.3

ISBN 978-7-5198-4859-0

Ⅰ . ①受… Ⅱ . ①国… Ⅲ . ①电力系统结构－网架结构 Ⅳ . ① TM727

中国版本图书馆 CIP 数据核字(2020)第 146192 号

出版发行:中国电力出版社

地 　　址:北京市东城区北京站西街 19 号 (邮政编码 100005)

网 　　址:http://www.cepp.sgcc.com.cn

责任编辑:陈 　倩(010-63412512) 　马雪倩

责任校对:王小鹏

装帧设计:郝晓燕

责任印制:石 　雷

印 　　刷:三河市万龙印装有限公司

版 　　次:2021 年 3 月第一版

印 　　次:2021 年 3 月北京第一次印刷

开 　　本:787 毫米 ×1092 毫米 　16 开本

印 　　张:8.5

字 　　数:178 千字

印 　　数:0001—1000 册

定 　　价:38.00 元

编　委　会

主　任　冯喜春　郭占伍
副主任　王　涛　葛朝晖　吴希明　高景松　王林峰

编　写　组

主　编　袁　博　王　颖
副主编　王　涛　邵　华　张　菁
参　编　秦梁栋　王　峰　张　章　张倩茅　周俊峰
　　　　　习　朋　张丽洁　李洪涛　荆志朋　赵洪山
　　　　　杨宏伟　程　林　兰晓明　吴　鹏　邢　琳
　　　　　程　伦

前　言

在我国电力能源和电力需求逆向分布的背景下，在"创新、协调、绿色、开放、共享"发展理念的驱动下，"西电东送"等电力能源战略应运而生。依托特高压电网实现电力能源远距离输送，成为电力能源当前和未来长期的发展模式，而受端主网架的概念伴随该模式而诞生。受端主网架指位于负荷密集区域，大规模接受本地区以外电力受入的电力主网架。目前，在我国中东部已形成诸多的受端主网架。近年来，能源电力形势正在发生深刻变革，在落实"四个革命、一个合作"的能源安全新战略的进程中，受端主网架的规模日益增加，其特征也正在发生深刻变化。其中，日益突出的安全稳定问题已成为制约受端主网架发展的主要因素之一。

为此，本书针对电源结构和电网结构带来的安全稳定问题，以全面保障受端主网架的安全稳定为目标，以解决现有技术问题为导向，提出适应受端主网架发展进程中所需的一系列保障性技术，形成受端主网架安全稳定保障技术。受端主网架安全稳定保障技术包括仿真与分析、薄弱环节评估、电网规划、可再生能源适应性、电压稳定控制、无功优化配置和电网分区运行7个方面。本书紧密把握当前技术热点和未来技术需求，在这7个方面进行一系列的技术研发，旨在通过相关技术保障受端主网架的安全稳定性，支撑我国受端主网架的发展与电力能源发展战略的实施，为广大技术人员和科研人员提供参考。

本书共分为10章：第1章为概述，对受端主网架的基本概念、安全稳定问题和所需的各类优化技术进行了概述；第2章为受端主网架的安全与稳定，介绍了受端主网架安全稳定问题的相关内容，包括安全稳定问题的产生原因、具体问题与保障技术的需求；第3章为受端主网架的仿真计算与分析，介绍了现有技术中最常用的通用仿真软件在受端主网架仿真计算中的应用以及基于复杂网络的受端主网架结构分析技术；第4章为受端主网架的薄弱环节评估技术，介绍了基于改进超链接诱导主题搜索的受端主网架薄弱线路评估技术和基于综合电压稳定指标的薄弱节点评估技术；第5章为受端主网架的电网规划技术，介绍了工程领域的受端主网架规划和受端主网架的实用规划技术；第6章为受端主网架的可再生能源适应性评价与优化技术，介绍了受端主网架可再生能源适应性评价方法和基于虚拟电厂的可再生能源适应性优化技术；第7章为受端主网架的电压控制技术，介绍了基于 Gramian 的受端主网架电压控制动态模型降阶求解技术和基于双子层控制模型的受端主网架动态分层电压预测控制技术；第 8 章为受端主网架的动态无功优化配置技术，介绍了一套可提升暂态电压恢复性能并兼顾经济性的动态无功优化配置技术，涵盖选择配置备选节点、确定具体配置地点、优化最终配置容量三个方面；第 9 章为受端主网架的分区运行技术，介绍了工程技术领域的受端主网架分区运行和受端主网架的无功分区运行技术；第 10 章为总结，对全书的主旨内容和技术要点进行概况总结。

由于时间仓促和编者水平所限，书中难免存在疏漏和不足之处，恳请读者批评指正。

编者

2021 年 1 月

目　　录

第1章 概　　述

　　长期以来，我国的能源分布与能源需求呈现逆向特征，即大型能源基地位于我国西部和北部等欠发达地区，能源需求则集中于东部和南部等发达地区。作为我国能源的核心形式之一，电力能源在解决能源逆向分布方面具有举足轻重的地位。进入"十二五"发展阶段后，我国北方地区大气污染日益严重，中东部地区负荷增长迅速，清洁能源和西电东送等战略成为电力能源发展的指导思想之一，是解决我国中东部地区愈加凸显的电力供应不足等问题的有效途径。在此背景下，我国电力主网架跨入特高压时代，并于"十三五"期间实现了特高压电网的高速发展。特高压电网以实现电能远距离传输为主要目的，较原有主网架的电压更高，主要包括交流1000kV、直流±800kV、直流±1100kV等电压等级，将我国西部和北部地区的大型电力能源基地（包括传统能源与可再生能源）的电能输送到我国东部和南部等负荷需求较大的地区，是未来电力能源远距离传输的"主动脉"。

　　在特高压电网的发展进程中，受端电网与送端电网的概念应运而生：①狭义层面上，受端电网是指从能源基地接受电力能源受入的电网，一般位于我国中东部负荷密集区域；送端电网则是指将各类大型能源送出的电网，一般位于我国西部能源密集区域；②广义层面上，受端电网是指从外部区域接受电力能源受入的电网，送端电网则是指将电力能源供应给其他区域的电网。参考《电力系统安全稳定导则》（GB 38755—2019）中受端系统的定义，本书给出受端电网的具体定义为：通过各电压等级的跨区联络线，接受外部及远方区域受入的电力和电能，并将区域内负荷、电源、输变电设备等连接在一起的电力网络。受端电网以负荷集中地区为中心，与送端电网共同实现跨区范围内的供需广域平衡。

　　目前，受端电网表现出区外电力大规模受入、网络结构错综复杂、运行受区外影响大、电网受到可再生能源冲击等特征，这给受端电网带来了较为严重的安全稳定问题。通常情况下，受端电网的安全稳定问题是指220kV及以上电压等级的主网架中存在的安全稳定问题，这是因为：①110kV及以下电压等级的电网（配电网）以可靠性为考察指标，通常不存在安全性的概念；②受端电网的核心特征在于接受区外的电力受入，而区外电力受入一般通过220kV及以上电压等级的主网架实现；③受端电网的主网架与特高压落点、跨区联络线等直接相连，其安全稳定受区外电力影响最直接。

　　因此，对于安全稳定而言，受端电网的主要承载对象为220kV及以上电压等级的主网架。在此基础上，本书给出受端主网架的概念，具有显著区外电力受入特征的受端电

1

网中，220kV 及以上电压等级的负荷、电源、输变电设备等连接在一起所组成的电网。受端主网架主要包括 500kV 和 220kV 两个电压等级，部分地区存在 750kV 和 330kV 的主网架；广义上说，受端主网架还可以包括特高压电网。

在主网架安全稳定受区外电力受入影响的影响下，传统主网架通常采用主网架的关键技术以保障其安全稳定性。与之一致，受端主网架也需要通过关键技术实现其安全稳定运行，即受端主网架需要受端主网架安全稳定保障技术的支撑。顾名思义，受端主网架安全稳定保障技术是指在现有技术基础上可提升受端主网架安全稳定的一系列保障技术，涉及分析评估、规划建设、运行优化、调度控制、运维检修等多个方面。具体的受端主网架安全稳定保障技术，应根据受端主网架所面临的新的安全稳定问题进行技术开发，保障受端主网架在新特征下的安全稳定性能。

根据受端主网架的特征，同时为便于读者理解，将受端主网架中出现的新安全稳定问题归纳为电源结构和电网结构两个根本原因。本书首先介绍受端主网架安全稳定方面所存在的问题。以此为导向，提出受端主网架安全稳定所需的 7 个系列优化技术，并作为本书的核心内容，这 7 个系列优化技术分别为仿真与分析、薄弱环节评估、电网规划、可再生能源适应性、电压稳定控制、无功优化配置、电网分区运行。

（1）受端主网架的仿真计算与分析。这类技术包括受端主网架的仿真计算与网架结构分析，前者利用现有的通用仿真分析软件，后者则基于复杂网络理论。本类技术为现有技术，旨在解决受端主网架存在的仿真计算结果不科学和结构特征分析不到位等技术缺陷，保障发现安全稳定问题时无遗漏。

（2）受端主网架的薄弱环节评估技术。这类技术包括受端主网架的薄弱线路评估技术和薄弱节点评估技术，前者基于超链接诱导主题搜索确定的权威值与枢纽值，后者则基于构建的综合电压稳定指标。本类技术旨在解决受端主网架存在的薄弱环节辨识结果不准确且复杂度高等技术缺陷，保障高效、科学地发现安全稳定问题。

（3）受端主网架的电网规划技术。这类技术包括传统工程技术领域的受端主网规划方法和降低停电风险且优化运行效率的受端主网架实用规划技术，前者为传统工程技术领域的人工规划方法，后者则基于指标体系和综合评价指标的构建与计算。本类技术旨在明确受端主网架的规划流程、解决电网结构带来的停电风险增加等安全稳定问题，获得用于工程实际的受端主网架规划方案。

（4）受端主网架的可再生能源适应性评价与优化技术。这类技术包括受端主网架的可再生能源适应性评价技术和基于虚拟电厂调度控制的适应性优化技术，前者基于构建的网架对可再生能源的适应性指标，后者则基于适应性指标值和虚拟电厂优化调度模型。本类技术旨在从受端主网架的评价和运行优化角度提升对可再生能源的适应性。

（5）受端主网架的电压控制技术。这类技术主要为受端主网架的动态电压控制技术，包括受端主网架电压控制的动态模型降阶技术和受端主网架的动态分层电压预测控制技术，前者提出了基于 Gramian 平衡降阶的电压控制动态模型降阶求解技术，后者则构建了基于双子层控制的动态电压预测控制模型。本类技术旨在解决电压控制的精准性、实时性和动态性等性能较差的问题，推进动态电压控制技术的实用化，实时保障受端主网架的电压稳定，避免电压失稳可能引发的停电事故。

（6）受端主网架的动态无功优化配置技术。从选择备选配置节点、确定具体配置位置、优化最终配置容量3个技术方面，建立一套考虑可优化电压恢复效果并兼顾经济性的动态无功优化配置技术。本类技术旨在克服现有受端主网架无功优化配置技术中存在的暂态电压恢复效果差、经济性和可靠性难以兼顾、配置方案制定效率低等不足，解决电源结构带来的电压稳定问题。

（7）受端主网架的分区运行技术。这类技术包括工程技术领域的受端主网架分区运行方法和基于无功功率的受端主网架分区运行技术，前者介绍了分区运行的工程原则与考虑短路电流约束的受端主网架分区运行工程方法，后者则基于无功电源控制容量约束和无功功率平衡效果改进了"分裂-凝聚"算法并基于此实现无功分区。本类技术旨在克服受端主网架分区运行不合理的技术缺陷，解决电网结构带来的安全稳定问题，满足特高压接入后受端主网架的分层分区需求。

第2章 受端主网架的安全与稳定

随着受端主网架中的电网结构和电源结构发生深刻改变，给受端主网架带来了诸多安全稳定问题。本章对受端主网架存在的安全稳定问题与各安全稳定问题所需的安全稳定保障技术进行了梳理。2.1节阐述了受端主网架的安全性和稳定性，从电源结构和电网结构两者的影响入手，梳理出各类安全稳定评估、电压稳定风险、连锁故障与停电风险、高比例可再生能源供电、分层分区运行不合理等方面的安全稳定问题；2.2节针对第一节梳理的安全稳定问题，制定出保障受端主网架安全稳定所需的主要技术，包括仿真计算与分析、薄弱环节评估技术、电网规划技术、可再生能源适应性评价与优化技术、电压控制技术、动态无功优化配置技术、分区运行技术7个方面。

2.1 受端主网架的安全稳定问题

受端主网架的安全性与稳定性与电力系统中的定义相同，根据《电力系统安全稳定导则》（GB 38755—2019），受端主网架的安全性和稳定性含义如下。

受端主网架的安全性是指，在运行过程中受端主网架承受故障扰动的能力。若某受端主网架能够承受各类故障扰动引起的暂态过程，并过渡到满足运行要求的新的运行状态，则该受端主网架具有良好的安全性。其中，各类故障通常包括电力系统元件失效或系统短路故障，故障形式包括为单一故障（$N-1$ 故障）或双重故障（$N-2$ 故障）。受端主网架的安全性分析包括静态安全分析和动态安全分析，前者仅考察系统转移到事故后另一个稳态时，各种约束条件是否得到满足；后者则考察从事故前状态过渡到事故后状态的暂态过程中保持稳定的能力。

受端主网架的稳定性是指，在运行过程中受端主网架受到扰动后，保持稳定运行的能力。受端主网架的稳定性可分为功角稳定、电压稳定和频率稳定3大类。

（1）功角稳定。功角稳定是指同步系统中发电机受到扰动后保持同步运行的能力，又可分为静态稳定、暂态稳定、动态稳定。其中：①静态稳定指受到小干扰后，受端主网架及其所连接的机组不发生非周期性失步，自动恢复到初始运行状态的能力；②暂态稳定是指受到大扰动后，受端主网架所连接的各同步发电机，能够保持同步运行并过渡到新的或恢复到原来运行状态的能力；③动态稳定是指受到小的或大的干扰后，受端主网架及其所连接的机组，在自动调节和控制装置的作用下，保持长过程运行稳定的能力。

（2）电压稳定。电压稳定是指受到小的或大的扰动后，受端主网架的电压能够恢复到允许的范围内且不发生电压崩溃的能力。

（3）频率稳定。频率稳定是指受到严重扰动后，受端主网架的供电和负荷需求出现较大不平衡情况下，频率能够保持或恢复到允许的范围内且不发生频率崩溃的能力。

受端主网架的稳定性分类与电力系统的稳定性分类相同，可参考《电力系统安全稳定导则》（GB 38755—2019）。

在我国电力远距离输送、清洁能源供应、电力负荷持续增长的发展形势下，受端主网架呈现出五大特征：①区外电力大规模受入，关键电源或电网元件的故障对受端主网架的安全稳定产生较大影响；②受端主网架互联结构日益复杂，受端主网架连锁故障特征明显，全面评估与减小停电风险的任务日益突出；③电压稳定问题突出，受端主网架的电压控制和无功功率优化配置的支撑作用日益显著；④可再生能源供电比例增加，提升对可再生能源的适应性成为受端主网架的重要环节之一；⑤更高电压等级的电网建设，受端主网架呈现出多电压等级共存，因此分区运行需求迫切。

受端主网架的上述5个特点，给其自身带来较为严重的安全稳定问题。其中，区外电力大规模受入和互联结构日益复杂，对受端主网架的影响最大，将带来分析评估、主网规划、调度控制等方面的技术需求；同时，可再生能源适应性和多电压等级共存等，也对受端主网架技术的适应性提出需求；在现有的各类安全稳定问题中，电压稳定问题是受端主网架最突出的安全稳定问题，受到电源侧和电网侧的双重影响，电压控制和无功功率优化配置技术需求显著。为便于读者理解，本书将受端主网架的上述特征归纳为电源结构方面和电网结构方面，即区外电力大规模受入和可再生能源供电比例增加，可归纳为受端主网架的电源结构特征；主网架互联结构日益复杂和多电压等级共存，可归纳为受端主网架的电网结构特征；而电压稳定问题则是—电源结构和电网结构所共同作用产生的特征。

因此，与电源结构和电网结构一致，受端主网架的安全稳定问题也主要由这两个方面所产生，即受端主网架所面临的区外电力大规模受入、主网架互联结构日益复杂、电网分区需求迫切、可再生能源供应比例增加、电压稳定风险突出等问题，可归纳为两方面的安全稳定问题：①电源结构带来的安全稳定问题；②电网结构带来的安全稳定问题。受端主网架的特征与安全稳定问题的逻辑关系如图 2-1 所示。

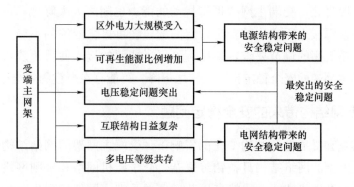

图 2-1　受端主网架的特征与安全稳定问题的逻辑关系

2.1.1　电源结构带来的安全稳定问题

为解决传统能源供应不足的难题，受端主网架的电源结构发生了重大变化：①区外电力大规模受入；②可再生能源供电比例增加。通常情况下，电源或等效电源（区外受入电力）是影响受端主网架安全稳定的关键因素。

（1）区外电力大规模受入带来的安全稳定问题。电力系统中，容量较大的电源或线路发生故障时，往往更易引发安全稳定问题。随着特高压建设的推进和主网架互联程度的提升，受端主网架与区外联络线的电力交互日益扩大。作为我国的典型受端电网，北京、上海、天津、山东、江苏、浙江、河北南部、安徽、湖北、河南、湖南、福建等中东部地区的主网架接受外来电力比例在"十三五"期间大幅增加，并将在"十四五"继续增长，部分区域的区外电力受入比例将有望超过本区域内电源的电力供应比例，我国受端主网架的区间联络线未来将承担大规模的电力输送功率。

受端主网架的大规模区外电力受入也给自身带来严重的安全稳定问题，主要原因有两个方面：①大规模电力受入使得受端主网架内部的潮流分布发生较大变化，受端主网架在潮流分布发生变化后的运行状态下，可能存在新的安全性和稳定性问题，特别是特高压落点近区的 500kV 线路、母线和变压器等设备故障，易造成电压失稳等安全稳定问题；②区间联络线（特高压线路或主网架线路）承担着较大的电力传输功率，联络线发生故障或与联络线相连的送端系统发生故障时，均可能导致受端主网架出现瞬间的大规模电力缺口，从而引发连锁反应，造成较为严重的安全稳定问题。特别对于大容量输送的特高压直流系统而言，双极闭锁的潜在安全稳定问题已较为常见。

（2）可再生能源供电比例增加带来的安全稳定问题。一直以来，发电机是电力系统安全稳定的重要调节工具，也是造成重大安全稳定问题的"导火索"。相比于传统电源机组而言，可再生能源的发电机组深刻影响了受端主网架的安全运行并降低传统机组的调节能力，使得受端主网架的安全稳定性能急剧下降。

可再生能源供电比例增加给受端主网架带来的安全稳定问题主要体现在两个方面：①可再生能源的不确定性给现有受端主网架带来较大冲击，加剧了故障后暂态失稳的可能性，使运行工况劣化，受端主网架抵御扰动的能力也随之大大降低，现有受端主网架难以适应可再生能源接入所产生的安全稳定问题；②可再生能源的不确定性对受端主网架内传统电源提出更高的调节要求，高比例可再生能源的接入使得传统机组的调节能力大大降低，受端主网架的安全稳定裕度也随之下降，可能存在严重的安全稳定风险。

2.1.2　电网结构带来的安全稳定问题

在特高压落点和受端电源结构变化的影响下，受端主网架的网架结构也发生了较大变化：①受端主网架的网络结构日益错综复杂，介于随机网络和规则网络之间的互联结构表现出明显的复杂网络特征；②特高压落点后的受端主网架呈现出多电压等级电网共存，受端主网架分层分区供电需求迫切。通常情况下，强互联结构和网络复杂特性被认为是连锁故障发生的根源，网架互联结构不科学和分区运行不合理等，是受端主网架存在安全稳定问题的关键因素。

（1）复杂互联结构带来的安全稳定问题。近年来，国内外大停电事故频发。例如2003年7月30日北美发生大停电事故，造成负荷损失达61.8GW，影响人数达5000万人；2006年7月1日我国华中电网发生大停电事故，造成负荷损失达3GW；2012年7月30日印度发生的大停电事故，造成负荷损失达38GW，影响人数达上亿人。国内外的这些安全稳定问题引发的大停电事故，均是由复杂互联结构所造成的。

相比于电源结构带来的安全稳定问题，复杂互联结构是受端主网架安全稳定问题的根本内因。对于具有较高电力需求的受端主网架而言，随着近年来网架规模的日益扩大，网络结构较送端电网更加复杂（指复杂网络特征，并非单纯的节点数量众多与线路交错），表现出典型的复杂网络特征，连锁故障风险增加、安全稳定问题突出，这是复杂互联电网结构的必然结果。在21世纪初期，我国的华北、华东、华中等区域电网就表现出复杂网络特征，随着近十几年的发展，东部的省级电网也先后表现出一定程度的复杂网络特征。复杂网络是一种介于随机与规则网络之间的特殊网络，它是基于小世界理论和无标度理论所诞生的网络分析理论，更加注重网络的固有结构属性，有效阐述了"8·14美国加州大停电事故"等电力系统连锁故障的发生机理。

受端主网架的复杂互联结构所产生的安全稳定问题主要表现在两个方面：①由于受端主网架的负荷较重，导致其网络规模较大且日益复杂；同时，由于受端主网架内部的自身电力供应不足，电力转供成为主要方式之一，进一步加剧了受端主网架内部互联结构的复杂性，受端主网架内部不同元件之间相互影响密切，单一元件故障极易引发关联元件的连锁反应，增加安全稳定风险。②受端主网架与区外电网之间的联系日益密切，跨区的电力互动频繁，可以说，受端主网架已与周边电网融为一个整体，跨区联络线承担传输功率往往较大，极易与受端主网架产生交互影响。例如研究发现银川—山东的特高压直流发生双极闭锁时，在不采取有效控制措施的情况下，不但对山东的受端主网架产生冲击，更会造成河北南部的受端主网架连锁反应，这是跨区紧密互联结构所造成安全稳定问题的典型案例。

（2）多电压等级共存带来的安全稳定问题。《电力系统安全稳定导则》（GB 38755—2019）指出，更高电压等级的电网接入时，低电压等级的电网应逐步实现分层分区供电。随着中国特高压电网建设的推进，我国中东部的受端主网架平均具有2～3个特高压落点，至少包括3个电压等级，分层分区供电需求日益迫切。受端主网架分层分区运行的目的有两个：①提高电网运行中调度控制的灵活性，避免事故扩大；②提升电网运行质量，降低短路电流水平，保障无功功率满足"分层分区、就地平衡"的原则。

受端主网架分层分区运行不科学所产生的安全稳定问题主要表现在两个方面：①分区不合理导致受端主网架的中远期短路电流较高。适时打开电磁环网、实现电网分区运行，能够有效降低整个系统的短路水平，而分区不合理导致的短路水平较高，是安全稳定隐患之一。②分区不合理导致受端主网架内的无功功率就地平衡效果较差。无功优化配置是保障受端主网架安全稳定、特别是电压稳定的重要因素，同时无功优化配置密切影响着电网运行效益，无功功率远距离传输及其带来电压稳定风险，会给受端主网架带来较大的安全稳定冲击。

2.1.3 受端主网架的安全稳定具体问题

从电源结构和电网结构入手，归纳出受端主网架面临的安全稳定具体问题如下。

（1）各类安全稳定问题评估。整个受端主网架中，可能存在各类潜在的安全稳定风险，并存在一些可能引发连锁故障的薄弱环节，导致事故风险的可能性较大，需要科学的计算分析与薄弱环节评估技术，以保障受端主网架基础分析评估的科学性与合理性。

（2）电压稳定问题。在各类安全稳定风险中，电压稳定问题是受端主网架中最普遍、最突出的问题，涉及电压控制和无功优化配置两个技术方向，需要动态、实时、精准的电压控制技术和灵活、高效的无功优化配置技术，以保障受端主网架的电压稳定。

（3）连锁故障与停电风险。在各类安全稳定风险中，连锁故障与潜在停电风险是对受端主网架影响最大的问题，往往带来较为严重的后果且与供电质量息息相关，涉及规划、运行等多个技术领域，需要降低联锁故障和停电风险的电网规划、电网运行控制等技术作为支撑。

（4）高比例可再生能源供电。可再生能源作为主要能源方式之一，未来应该提升受端主网架对可再生能源的适应性，以保障高比例可再生能源供电；受端主网架对可再生能源的适应性研究涉及规划和运行等多个技术领域，需要以可再生能源适应性评价技术为基础，同时运用调度控制技术优化适应性，提升可再生能源消纳能力。

（5）分层分区运行不合理。受端主网架的分层分区运行，是特高压落点后电网运行控制的内在需求，不合理的受端主网架的分层分区运行方案将导致短路电流、无功功率支撑、潮流分布等方面的问题，需要合理的分区运行技术进行支撑。

2.2 受端主网架的安全稳定保障技术

参考《电力系统安全稳定导则》（GB 38755—2019），结合受端主网架的特点，给出保障受端主网架安全稳定应具备的技术原则如下：

（1）受端主网架应具备合理的网络结构。在电网规划设计阶段，应当统筹考虑，合理布局，满足如下基本要求：①满足各种运行方式下潮流变化的需要，具有灵活性和发展适应性；②任一元件无故障断开，应能保持电力系统的稳定运行，且满足运行工况约束；③应有较大的抗扰动能力，并满足《电力系统安全稳定导则》（GB 38755—2019）中规定的有关安全性和稳定性的要求；④满足分层和分区原则，并合理控制系统短路电流。

（2）受端主网架应具备合理的运行方式与控制手段。在电网运行控制阶段，应充分考虑运行中的潜在安全稳定风险，制定合理运行方式和实时调度控制策略，满足如下基本要求：①正常运行方式（含计划检修方式）下，任一元件（发电机、线路、变压器、母线）发生单一故障时，不应导致主系统非同步运行，不应发生频率崩溃和电压崩溃；②在事故后经调整的运行方式下，电力系统仍应有规定的静态稳定储备，并满足再次发生单一元件故障后的暂态稳定和其他元件不超过规定事故过负荷能力的要求；③电力系统发生稳定破坏时，必须有预定的措施，以防止事故范围扩大，减少事故损失。

《电力系统安全稳定导则》（GB 38755—2019）中指出的提升电力系统安全稳定的原则、电网分层分区的原则、防止电力系统崩溃的原则、无功平衡及补偿的原则、系统间联络线的原则等，可作为受端主网架安全稳定优化技术的基本原则，本书不再赘述。

针对目前受端主网架与传统电网的差异化特征，本书从受端主网架的安全稳定诱因与安全稳定问题入手，总结了受端主网架安全稳定的优化技术框架，如图 2-2 所示。

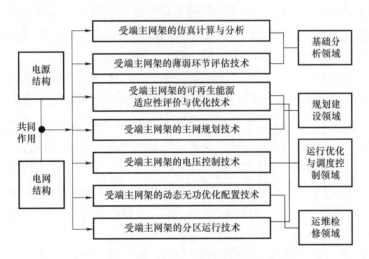

图 2-2　受端主网架的安全稳定保障技术框架

从图 2-2 中可见，受端主网架安全稳定保障技术，涉及分析评估、规划建设、优化运行、调度控制、运维检修等领域，包括以下 7 个系列的技术：

（1）受端主网架的仿真计算与分析。包括受端主网架的仿真计算与网架结构分析两个方面。作为受端主网架优化技术中基础分析方面的第一项核心技术，受端主网架的仿真计算与分析是依托现有电力系统仿真计算工具和复杂网络理论开展的，综合考虑全过程动态分析和主网架结构特征，对现有常用技术进行全面介绍，可实现对受端主网架安全稳定性能的分析。

（2）受端主网架的薄弱环节评估技术。受端主网架的薄弱环节评估技术包括受端主网架的薄弱线路评估技术和薄弱节点评估技术两个方面。作为受端主网架优化技术中基础分析方面的第二项核心技术，受端主网架的薄弱环节评估技术可快速、精准、全面、高效地评估出可能造成安全稳定风险的薄弱环节。受端主网架的薄弱环节评估技术所包含的薄弱线路评估技术和薄弱节点评估技术，是根据薄弱环节的类型确定的。

（3）受端主网架的电网规划技术。受端主网架的电网规划技术包括工程领域的受端主网规划和受端主网架实用规划技术两个方面，是从电网规划业务领域对受端主网架的安全稳定进行优化的关键技术。合理的规划是保障受端主网架安全稳定的远期策略，可以消除最优运行方式下的安全稳定问题，适应受端主网架的各类运行方式。其中，工程领域的受端主网规划可普遍用于无特殊要求的受端主网架中，而受端主网架实用规划技术则在传统规划目标基础上，考虑了停电风险降低和运行效率优化，是未来的实用规划技术。

（4）受端主网架的可再生能源适应性评价与优化技术。受端主网架的可再生能源适应性评价与优化技术包括受端主网架的可再生能源适应性评价技术和受端主网架的可再生能源适应性优化技术两个方面，是适应受端主网架电源结构变化的主要支撑技术。受端主网架可再生能源适应性评价以评估主网架对可再生能源的适应性为目标，从灵活性角度构建适应性评价指标；受端主网架可再生能源适应性优化技术则通过适应性指标计算与虚拟电厂优化调度模型，提升对可再生能源的适应性。

（5）受端主网架的电压控制技术。受端主网架的电压控制技术主要指动态电压控制技术，包括受端主网架电压控制动态模型降阶技术和受端主网架动态分层电压预测控制技术两个方面，是从运行控制技术领域对受端主网架进行安全稳定优化的关键技术。合理的运行控制技术是保障受端主网架安全稳定的近期策略，通过调度控制，实时保障受端主网架在运行过程中的安全稳定。其中，受端主网架电压控制动态模型降阶技术基于Gramian平衡降阶实现控制模型求解，而受端主网架动态分层电压预测控制技术则建立了双子层的动态电压预测控制模型；这两项技术综合应用可解决受端主网架中最突出的电压稳定问题，而受端主网架的电压预测控制技术也是解决电压稳定问题的第一项核心技术。

（6）受端主网架的动态无功优化配置技术。受端主网架的动态无功优化配置技术主要指一套可优化暂态电压恢复效果的动态无功优化配置技术，包括选择配置备选节点、确定具体配置位置、优化最终配置容量三个方面。作为解决电压稳定问题的第二项核心技术，受端主网架的动态无功优化配置技术通过选择配置备选节点降低技术的复杂度，通过构建新指标确定最优的无功配置地点，并通过电压暂降低风险理论优化配置容量，兼顾了暂态电压恢复效果、配置方案的经济性和配置方法的高效性。

（7）受端主网架的分区运行技术。包括工程技术领域的受端主网架的分区运行技术和基于无功功率的受端主网架分区运行技术两个方面。受端主网架的分区运行技术以适应多电压等级的主网架为需求，以构建科学、合理的电网运行分区为目标，打开 500kV/220kV 电磁环网，实现电网分区运行，也是特高压落点和电网结构日益复杂对受端主网架的本质要求之一。其中，工程技术领域的受端主网架分区运行是基于短路限制和分区原则实现的，而基于无功功率的受端主网架分区运行技术则主要以实现无功功率的就地平衡和无功源的可靠控制为主要目的。

第3章 受端主网架的仿真计算与分析

受端主网架的仿真计算与分析是受端主网架规划建设、运行控制和运维检修等多环节的基础支撑，是保障受端主网架安全稳定的基础分析环节之一，其目的是发现受端主网架的安全稳定问题以采取相应措施。本章从受端主网架仿真计算和结构分析两个方面，对工程中现有常用的仿真计算与结构分析技术进行介绍。其中，受端主网架仿真计算基于对系统实际运行状态的模拟，由于手工计算过于复杂，因此工程中常通过通用软件实现；受端主网架结构分析基于复杂网络中的结构特征指标实现，可以解决传统电网分析对结构特征考虑不足的缺陷。

3.1 受端主网架仿真计算

3.1.1 工程技术领域的仿真计算

在受端主网架规划实际业务中，技术人员常通过电力系统分析（power system department，PSD）系列软件（以下简称 PSD 系列软件）实现仿真计算。PSD 系列软件由中国电力科学研究院有限公司研发并被各领域电力工作者广泛应用，是面向大型电力系统分析的实用软件包和有力工具。目前，PSD 系列软件是在 PSD-BPA 基础上拓展而来，同时 PSD-BPA 也是 PSD 系列软件的核心，主要实现潮流计算和暂态稳定分析。电力系统分析计算中的 BPA 通常指一套应用广泛的电力系统分析软件工具，是由美国邦纳维尔电力管理局（Bonneville Power Administration，BPA）于 20 世纪 60 年代开发的潮流和暂态稳定程序，现多指 PSD-BPA 程序，通称中国版本的 BPA。

PSD 系列软件已较为成熟，且实现了规范的应用，本书仅从宏观层进行简单介绍，软件中元件模型、内置算法等详细内容可参考 PSD 系列软件说明书。本节的介绍旨在引导读者了解并在实际业务中使用 PSD 系列软件，如软件有更新或其他变更，应以中国电力科学研究院有限公司发布的信息为准。

PSD 系列软件的常用程序组成如图 3-1 所示，主要包含以下 7 部分：

（1）PSD-BPA 潮流计算程序。作为 PSD 系列软件的核心程序，PSD-BPA 潮流计算程序在指导电网规划、设计、科研及生产运行工作中发挥了重要作用，可进行交流系统潮流计算与交直流混合潮流计算；以潮流计算为基础，还可实现系统事故分析、网络等值、灵敏度分析、获取节点曲线信息（有功和电压的 P-V 曲线、无功和电压的 Q-V 曲线、有功和无功的 P-Q 曲线等）、自动电压控制、确定系统极限输送水平等功能，是目前用于电力系统静态分析最广泛的工具。

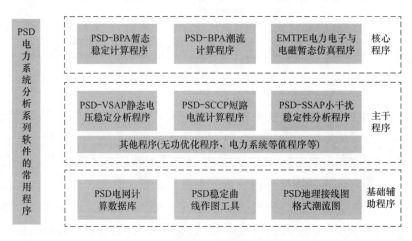

图 3-1　PSD 系列软件的常用程序

（2）PSD-BPA 暂态稳定计算程序。作为 PSD 系列软件的另一核心程序，PSD-BPA 暂态稳定分析程序也在电网规划、设计、科研等实际应用中具有举足轻重的地位。PSD-BPA 暂态稳定分析程序主要采用三角分解法或牛拉法对电力系统网络进行求解，采用补偿算法对单重或多重、对称或不对称故障进行计算，可实现电力系统中各类暂态稳定分析，已经广泛用于实际工程，是目前用于电力系统暂态分析最广泛的工具。

（3）PSD-SCCP 短路电流计算程序。作为 PSD 系列软件的主要应用程序，PSD-SCCP 可进行交直流系统故障情况下的短路电流计算，对全网或指定区域、指定电压等级的节点进行短路电流扫描，得到三相短路或单相短路情况下的短路电流水平、短路容量、等效短路阻抗等参数，是目前短路计算的通用工具，也是工程中电力系统分析的主要工具。

（4）EMTPE 电力电子与电磁暂态仿真分析程序：虽然作为 PSD 系列软件的核心程序之一，但主要用于某些特需环境（例如工程设计和投产前调试等环节），可模拟多相电力系统的电磁、机电和控制系统的暂态特性，用于电力系统的电磁暂态分析、输电系统的过电压和绝缘配合、各种电力电子装置和灵活交流输电装置的规划设计、运行分析和科学研究。

（5）PSD-SSAP 小干扰稳定性分析程序。PSD-SSAP 小干扰稳定性分析程序是最新完成开发的新一代基于频域特征值方法的小扰动稳定计算分析程序。其与 PSD-BPA 程序格式数据接口，用于分析大规模电网交直流电力系统的小干扰稳定性问题，是 PSD 系列软件的主干程序之一，具有图形化界面、全面仿真模型和强大拓展功能，使用方便、灵活、界面友好。

（6）PSD-VSAP 静态电压稳定分析程序。PSD-VSAP 静态电压稳定分析程序可实现电压稳定裕度计算、关键设备模态分析、P-V 曲线绘制等主要功能，已经成功应用于许多电网的电压稳定分析中，是研究电压稳定问题的重要工具之一。

（7）PSD基础辅助程序。PSD基础辅助程序包括PSD电网计算数据库、PSD地理接线图格式潮流图、PSD稳定曲线作图工具三个程序，是支撑PSD核心程序与主干程序的辅助程序。其中：①PSD地理接线图格式潮流图主要辅助PSD BPA潮流计算程序，以可视化的地理接线图形式，实现对主网架潮流计算结果的显示，由主要"厂站"（电厂、变电站及等值系统）和"连线"（输电线路、变压器和等值线路）组成；②PSD稳定曲线作图工具主要辅助PSD-BPA暂态稳定分析程序，根据PSD-BPA暂态稳定分析程序的输出结果绘制稳定曲线并以二维坐标形式输出；③PSD电网计算数据库能够满足全国联网运行及规划工作对设备及计算数据管理的要求，便于电网间数据交换，特别适用于全国大区域电网联网环境。

目前，根据电网规划、设计、运行分析等实际工程中的需求，受端主网架仿真计算及所应用的PSD系列软件程序见表3-1。

表3-1　　　　工程技术领域受端主网架仿真计算的类型、内容及主要程度

序号	仿真类型	仿真内容	PSD系列软件的主要程序
1	潮流计算	正常运行方式与"$N-k$"故障方式的潮流分布、母线电压	PSD-BPA潮流计算程序
2	短路计算	母线发生三相短路或单相短路的短路电流	PSD-SCCP短路电流计算程序
3	静态稳定	稳态（含故障后稳态）时，发电机、线路、变压器、母线等设备运行状况	PSD-BPA潮流计算程序、PSD-BPA暂态稳定程序（必要时）
4	暂态稳定	系统受到扰动后，机组功角、母线电压等是否满足要求	PSD-BPA暂态稳定程序
5	动态稳定	系统受到扰动后，机组功角、母线电压能否恢复到允许的范围内	PSD-BPA暂态稳定程序、PSD-SSAP小干扰稳定性分析程序
6	电压稳定	系统受到扰动后，母线电压能否恢复到规定的运行电压水平	PSD-BPA暂态稳定程序、PSD-VSAP静态电压稳定分析程序
7	频率稳定	系统受到扰动后，频率能否保持或恢复到允许的范围内	PSD-BPA暂态稳定程序

在PSD系列软件中，PSD-BPA暂态稳定程序、PSD-BPA潮流计算程序和PSD-SC-CP短路电流计算程序应用最广泛，EMTPE电力电子与电磁暂态仿真分析程序可用于各安全稳定仿真计算中，但常在某些特殊情况下应用。这里指出，PSD系列软件的各程序之间具有一定的相关性和功能的交叠性，各程序侧重点有所不同，表3-1中所列出的PSD系列软件的主要程序为某类仿真计算所用的主要程序，在某些情况下，利用表中所列之外的PSD相关程序也可得到表中某类仿真计算中的部分结果。

从受到扰动后系统恢复过程的时间角度而言，受端主网架仿真计算可分为电磁暂态过程、机电暂态过程和中长期动态过程，其定义与《电力系统安全稳定导则》（GB 38755—2019）的规定一致。其中，电磁暂态过程是指受端主网架中从微秒至数秒之间的动态过程，包括由系统外部引起的暂态过程，由故障及操作引起的暂态过程、谐振暂态过程、

控制暂态过程、非正弦的准稳态过程等。机电暂态过程是指受端主网架中从几个周波到数十秒之间的动态过程，主要研究系统受到大干扰后的暂态稳定和受到小干扰后的小干扰稳定性能，包括功角稳定、电压稳定和频率稳定；中长期动态过程是指受端主网架及其连接机组遭受大的或小的扰动后，系统在长时间过程内维持正常运行的能力，该动态过程持续时间从十秒至数十分钟，慢速控制元件（如励磁过励磁限制、自动发电控制、负荷频率控制等）都会对其产生影响。

与之相对应，电磁暂态仿真工具一般用数值计算的方法对系统中从微秒至数秒之间的电磁暂态过程进行仿真模拟；机电暂态仿真工具一般基于基波、单相和相量的模拟技术，持续时间为秒级，一般为几十秒；中长期动态仿真工具用于分析系统受扰后较长时间的动态过程，持续时间一般从几分钟到几十分钟、甚至几小时，建模时需要考虑锅炉、汽轮机、机组过励磁保护等时间常数大的元件模型。

目前，从仿真计算的时间角度而言，主网架仿真计算以静态过程、电磁暂态过程和机电暂态过程为主，即仿真计算的分析时间为故障发生后的短期发展过程，往往只分析几十秒、甚至几秒以内的稳定性，简化或省略了电力系统慢动态元件，没有充分考虑中长期暂态过程。这样就导致了某些情况下仿真计算结论偏乐观，受端主网架的安全稳定分析结果不全面。因此，在中国电力科学研究院有限公司开发的 PSD 系列软件中，还有一种较为先进的 PSD-FDS 全过程动态仿真程序，增加了慢动作元件仿真模型，考虑了中长期过程的仿真，实现了电磁暂态-机电暂态-中长期动态的全过程动态仿真。对于全过程（考虑慢动作元件的中长期动态过程）动态仿真计算及其工具应用等，将在本书的 3.1.2 节进行详细介绍。

3.1.2 全过程动态仿真计算

互联大电网是现代电力工业的标志，但若发生事故，造成的后果也非常严重。从国内外的一系列大停电事故可以看出，现代电力系统从事故发生到最终失稳或崩溃，可能经历的时间较长，涉及的慢动态元件较多，这类慢动态元件包括发电机过励磁或欠励磁保护、原动机及其调速器、锅炉及锅炉调速器、自动发电控制、有载调压变压器分接头自动调节等。通常情况下，电磁暂态过程和机电暂态过程往往只分析了几十秒、甚至几秒以内的稳定性，简化或省略了电力系统慢动态元件，导致某些情况下仿真计算结论不能满足实际系统安全稳定的要求，进一步可能导致所提出的安全稳定措施不到位。

全过程动态仿真计算技术及其仿真工具考虑了慢动作元件的特性，包括电磁暂态分析、机电暂态分析和中长期动态分析，并将三者有机统一，实现对电网安全稳定的全面仿真计算。全过程动态仿真计算着重仿真受端主网架的整个变化过程，其特点是时域宽、现象描述逼真，可以更加真实地模拟系统的实际动态过程，能帮助研究人员和技术人员了解中长期过程的连锁性故障发生机理、校核安全稳定措施、制定合理防御策略，进而避免中长期过程潜在的停电事故。目前，PSD-FDS 全过程动态仿真程序是全过程动态仿真计算工具中应用最广的，该程序也是中国电力科学研究院开发的PSD系列软件的重要组成部分，正在各领域逐步推广。相比传统主网架而言，受端主网架的电源结构和电网结构出现了变化，潜在安全稳定风险突出，而实际技术人员大多仍利用PSD系列软件中的传统程序开展主网架仿真计算传统主网架仿真计算模式逐步暴露出弊端。因此，利用PSD-FDS全过程动态仿真程序的受端主网架全过程动态仿真，可对受端主网架中长期稳定性进行分析，未来将成为各相关技术人员进行仿真计算的主要工作模式。

PSD-FDS全过程动态仿真程序的核心在于在其程序内部构建了典型慢动作元件，对于一般工程技术人员而言，应该重点掌握该程序的使用流程，对该程序的原理简单了解即可。

1. 全过程动态仿真计算的典型慢动作元件

全过程动态仿真计算中，要考虑机电暂态过程模型与中长期动态过程的模型，见表3-2。对受端主网架中的慢动作元件而言，持续时间可达数分钟甚至数小时以上，许多在暂态过程仿真中忽略的动态特性则不容忽视。例如，汽轮机的蒸汽压力不再保持恒定；事故过程中电网频率、电压不正常，可能引起发电厂附属设备运行不正常，以致引起锅炉停炉、发电机停机等。因此，在中长期动态过程中，必须考虑电压和频率比较大的波动对系统各元件动态特性的影响。

表 3-2　　　　　　　　　　　　机电暂态和中长期动态过程的数学模型

系统模型	机电暂态过程	中长期动态过程
发电机	考虑	考虑
励磁系统	考虑	考虑
调速系统	考虑	考虑
负荷	考虑	考虑
汽轮机	考虑	考虑
燃机	考虑	考虑
锅炉等热力设备	否	考虑
水力系统模型	否	考虑
协调控制系统（coordinated control system，CCS）模型	否	考虑
过励磁低励限制	否	考虑
有载调压变压器	否	考虑
继电保护与自动装置	部分考虑	考虑
自动发电控制（automatic generation control，AGC）	否	考虑
自动电压控制（automatic voltage control，AVC）	否	考虑

中长期动态仿真建模中，按照复杂程度可分为元件建模和等值建模。元件建模主要适用对象为发电机控制系统（如发电机励磁系统、调速系统），等值建模主要适用对象为具有大时间常数、设备复杂的发电设备（如燃气轮机和锅炉）。在受端主网架的系统中长期动态过程仿真计算中，需要考虑的慢动作元件包括：

（1）发电机过励磁限制。发电机过励磁限制对静态稳定、暂态稳定和动态稳定都有显著影响，其模型需正确反映实际运行设备的运行状态。过励磁限制的功能有两方面：①要保证励磁绕组不致过热；②要充分利用励磁绕组短时过载的能力。实现过励磁限制，最简单的方案是设置一个固定参考值及其持续时间，当两个条件同时满足时即启动过励磁限制，快速将励磁降到额定值。过励磁限制参数整定的主要原则是：在保证设备安全的前提下，尽可能利用励磁绕组及发电机短时过载能力，提供尽可能大的无功功率，以支持系统电压的恢复。

（2）有载调压变压器。有载调压变压器（on load tap changer，OLTC）是电力系统中广泛应用的电压和无功控制设备之一，可手动控制，也可自动控制。OLTC 的分接头一般设在高压侧，当系统中发生扰动导致低压侧电压水平偏低时，OLTC 可以调整分接头来恢复低压侧电压水平，从而恢复低压侧负荷的功率。OLTC 分接头调节时应逐级调压，同时监控分接位置及电压、电流的变化。分接头变换器完成一次档位变化所需的时间为数秒钟，但为避免分接开关频繁动作调压，升、降压动作应设延时时间，正是由于这一延时时间。OLTC 的动作主要影响中长期的电压稳定。针对 OLTC 及其两种控制方式，可建立相应的仿真模型，包括离散模型、连续模型和离散-连续模型三种。在离散模型中，OLTC 的变比是瞬间完成的。OLTC 的连续模型，将时间增量无限细分，当该增量趋近于 0 时，离散调节模型就过渡到连续调节模型。离散-连续模型综合考虑了前两者模型，较为准确地反映了 OLTC 动态全过程，更加适用长期动态分析。

（3）继电保护。继电保护含继电保护和安全自动装置模型的全过程动态仿真程序，能够准确模拟受到扰动后整个连续动态过程，考虑的继电保护包括发电机过电压保护、发电机定子过负荷保护和发电机频率异常保护。其中：①发电机过电压保护根据发电机承受过电压的能力进行整定，水轮发电机和 200MW 及以上汽轮发电机均应装设过电压保护，中小型汽轮发电机则通常不装设过电压保护。汽轮发电机装设过励磁保护后，可不再装设过电压保护。②发电机定子过负荷保护是大型发电机都要装设的保护装置，用于防止因过负荷或外部故障引起定子绕组过电流，其模型由定子绕组定时限过负荷和反时限过负荷两部分组成。③发电机频率异常保护用于保护汽轮机，防止汽轮机叶片及其拉金的断裂事故，监视频率状况和累计偏离额定值后在给定频率下工作的累计时间，当累计时间达到规定值时，动作于声光信号解列或跳闸停机。

（4）安全自动装置。安全自动装置的慢动作模型包括过负荷模型、低频模型与低压模型、过电压模型、安全稳定控制装置模型：

1）过负荷模型主要为解决线路或变压器的过载问题，用于电源侧可解决机组出力过大问题，用于负荷侧可解决负荷过重问题。过负荷判断的依据，可采用电流、功率或二者结合的判别方法，并可根据控制字选择正方向过载、反方向过载、不判方向过载等几种方式。

2）低频模型和低压装置分别用于防止频率崩溃和电压崩溃，前者主要用于系统频率过低时的负荷切除或系统解列，防止有功功率不足引起的系统频率失稳；后者则在无功功率电源突然切除或系统无功功率电源不足时，及时切除负荷（特别是无功功率负荷）以防止出现电压不可控的连续下降现象。低频模型和低压模型均应设有启动定值，当频率或电压下降到一定值并且达到时间时，各轮次开始进行判断动作，每一轮动作定值和时间定值宜单独设定。

3）工频过电压产生的原因包括空载长线的电容效应，不对称接地故障引起的正常相电压的升高、甩负荷等，与系统的结构、容量、参数及运行方式有关，其模型应具有过电压情况下机组切除和负荷切除等功能，并表征出过电压启动值和启动时间等。

4）安全稳定控制装置模型由一个负责全系统管理的主站模型和若干个子站模型构成，为使模型的功能和逻辑更加清晰，建模时进行适当的简化和层级合并；策略表以子站为对象进行建模，并根据不同的运行方式对每一种故障及其相应的逻辑判别和控制措施进行分层描述，当系统中的线路或其他元件发生故障时，与该元件相关的子站将进行故障判别；子站根据故障情况，查阅并判断是否与本站当前运行方式下的策略表相符，若相符并且控制决策执行信号已解锁，则发出执行控制决策命令以保证系统稳定运行。

上述慢动作元件为 PSD-FDS 全过程动态仿真程序中已考虑并建立模型的元件，各元件的具体模型，可参考中国电力科学研究院发布的 PSD-FDS 全过程动态仿真程序的说明书或关于全过程动态仿真的其他相关资料，本书不做赘述。

2. 全过程动态仿真计算的应用流程

全过程动态仿真计算的应用流程包括建立数据文件、设置系统故障、设置仿真条件、进行仿真计算、分析仿真结果、提出防控措施 6 个部分，如图 3-2 所示。

（1）建立数据文件。建立数据文件指根据受端主网架的设备参数、设备连接情况、电源负荷情况等，通过 PSD-FDS 程序中固化的数据卡格式，建立能够表征所有元件设备信息及其连接关系的受端主网架仿真计算程序，即数据文件。

（2）设置系统故障。设置系统故障指根据受端主网架安全稳定分析的一般故障设置，可参考（但不限于）以下四类故障集合进行设置：①网内线路三相永久 $N-1$、$N-2$ 故障；②网内变压器三相永久 $N-1$ 故障；③网内变电站

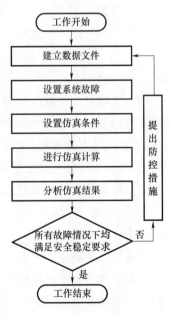

图 3-2 全过程动态仿真计算的应用流程

出线单相永久故障和相间故障（可按变电站所有线路及变压器全部跳闸考虑）；④区外故障。

（3）设置仿真条件。设置仿真条件指根据受端主网架仿真分析结果的需求，设置仿真条件，具体包括两个方面：①设置仿真输出地点，包括节点位置或支路位置；②仿真输出的参数，包括电压、电流、功角等。

（4）进行仿真计算。仿真计算指根据设置的故障场景和仿真条件，运行数据文件的程序，通过 PSD-FDS 程序实现仿真计算。

（5）分析仿真结果。分析仿真结果指根据输出的仿真结果，分析是否满足安全稳定的要求。

（6）提出防控措施。提出防控措施指对于存在安全稳定问题的受端主网架，制定防控措施，常见的防控措施包括配置动态无功补偿、进行二级电压控制、优化继电保护技术、机组切除或负荷切除、完善电网规划建设方案等。

3. 全过程动态仿真计算的算例简述

利用 PSD-BPA 暂态稳定程序和 PSD-FDS 全过程动态仿真程序，针对某省级实际受端主网架，进行全过程动态仿真计算，故障设置方式包括网内线路三相永久 $N-1$ 和 $N-2$ 故障、网内变压器三相永久 $N-1$ 故障、网内变电站出线接地故障和相间故障、区外故障。分析过程中，依次遍历各线路、变压器等设备故障情况下的仿真计算结果。该受端主网架在短期过程的仿真计算（利用 PSD-BPA 暂态稳定程序）中，上述故障场景下均不存在安全稳定问题；但是，经全过程动态仿真计算（PSD-FDS 程序），发现以下结论。

（1）线路三相永久 $N-2$ 故障：PC-LZ 双回 500kV 线路是该省级电网两个负荷中心分区之间的联络线，该线路 $N-2$ 故障开断后，大量潮流转移对系统造成冲击，引起 PC、XA、GY 这 3 座 500kV 变电站的 500kV 母线电压出现较大波动，母线电压分别下降了 9kV、7kV 和 6kV。

（2）变电站全停故障：①按 500kV 变电站出线单相永久接地故障 0.55s 变电站所有 500kV 线路及变压器全部跳闸进行仿真，SB 变电站（500kV）在 SB-QY 线路（500kV）SB 侧单相故障引发 SB 站全停故障情况下，系统功率缺额较大，导致上级邻近的 CZ-NY 线路（1000kV）功率增加并超过其静稳极限，最终导致特高压 CZ-NY 线路解列；②按 500kV 变电站出线相间短路故障 0.55s 变电站所有 500kV 线路及变压器全部跳闸进行仿真，SX 变电站（500kV）在 SX-SA 线路（500kV）SX 侧相间故障引发 SX 站全停故障情况下，系统功率缺额较大，导致 CZ-NY 线路（1000kV）功率增加较多并超过其静稳极限，最终导致特高压 CZ-NY 线路解列。

为方便读者更直观地对比全过程动态仿真计算结果与传统暂态稳定仿真计算结果的异同，仍采用该省级实际受端主网架进行进一步仿真计算。选取该受端主网架区外的 NX-SD 特高压直流线路发生单极闭锁作为故障形式，计算该主网架内 500kV 母线的电压波动情况，PSD-BPA 暂态稳定程序与 PSD-FDS 全过程动态仿真程序的仿真计算结果如

图 3-3 所示。从图 3-3 中可见，全过程动态仿真计算的结果更加精准，出现了传统暂态稳定仿真（短期过程）所未能发现的电压波动情况。

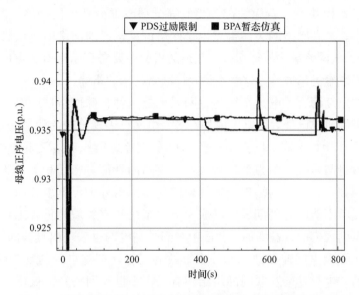

图 3-3　区外故障下全过程动态仿真与传统暂态仿真的结果对比

3.2　受端主网架结构分析

3.2.1　受端主网架的结构模型

1. 受端主网架的网络特征

对于任意一种网络而言，从其结构特征来看，可分为随机网络、规则网络及介于两者之间的复杂网络。网络科学起源于图论理论，提供了一种用抽象的点和线表示各种实际网络的方式，其更多地关注于节点及其之间的连接关系，反映的是网络的结构特征。最初，规则网络被认为是自然界中各类网络的主要特征，随着认识的加深和现实世界中网络规模的日益扩大，很多实际网络并不能用规则网络进行表述，随机网络又被认为是自然界中的另一类网络特征。近几十年来，各国的科学技术进入高速发展时代，各类网络已渗透到各行各业，人们对网络结构特征的认识也在发生变化。20 世纪末，watts-strogatz（W-S）小世界网络模型和 B-A 无标度网络模型（1999 年 Barabási 和 Albert 提出了无标度网络模型）被相继提出，标志着复杂网络理论的诞生，网络结构也正式分为随机网络、规则网络与复杂网络三种类型。无论从网络规模上，还是网络特征指标上，复杂网络是一种介于随机网络和规则网络之间的网络，具有显著的小世界特征或无标度特征，其中小世界网络具有较短的平均路径长度和较高的聚类系数；而无标度网络的节点的连接度没有明显的特征长度，其连接度分布曲线或其他指标的分布曲线表现出幂尾效应。目前，各领域对复杂网络的研究已较为深入，并被证实，现实世界中的大多数网络具有复杂网络特征。根据相关研究，除小世界和无标度外，复杂网络还具有自组织、自相似、社团结构（集群聚集、模块性）、结构复杂、连接多样等特征。简而言之，具有小世界、无标度、模块性、自组织、自相似等全部或部分性质的网络，即为复杂网络。与其他网络一样，复杂网络的关注重点也是网络的结构，即网络中节点信息及其连接关系（支路信息）。从网络结构特征切入，复杂网络的主要考察指标有节点度及度分布、平均路径长度、网络聚类系数等，这些都是表征网络结构的指标。

从网架结构角度而言，电力系统的主网架也是一种特殊网络，适用于网络科学中的各类理论，前期的研究已经表明，国内外许多大电网已表现出较为明显的复杂网络特征。与运行状态的仿真计算不同，网架结构分析更多地考虑拓扑连接关系造成的结构特征，与网络中节点数量与位置、节点的连接关系、支路的特征等密切相关。随着近年来国内外大停电事故的频发，复杂网络理论较好地阐述了国内外大停电事故的原因，解决了传统仿真计算方式所不能解释的问题，已成为电力系统研究领域的重要工具。近年来的研究发现，随着电网规模的日益增加，我国中东部受端电网也表现出显著的复杂网络特征，而国内外许多实际大电网连锁故障和停电事故的发生，都与自身的复杂网络特征有关。复杂网络特征的产生与复杂互联的网络结构有关，小世界网络特征被认为是促成大停电事故发生的内在原因，无标度特征则是电力系统鲁棒性与脆弱性共存的根源所在。

因此，受端主网架的结构特征可通过复杂网络理论进行有效表征，而通过挖掘网络结构的复杂网络特征，则可发现潜在连锁故障风险。随着复杂网络理论的研究推进，其在电力系统中的应用已较为深入，详细可参考关于复杂网络理论的具体介绍，读者可自行参考《复杂网络理论及其应用》（清华大学出版社）、《电力系统复杂性理论初探》（科学出版社）。

2. 受端主网架的网络图类型

与网络科学中的其他网络建模一样，受端主网架的复杂网络模型也可以抽象为一个由节点集合和支路集合组成的图，即采用网络的图表示。在受端主网架的复杂网络模型中，存在节点、支路（边）、支路的权值三个关键要素。

在图论中，按照支路（边）是否有方向和是否有权重，可将图的类型分为四类：

（1）加权有向图。加权有向图中的边是有向且有权的，即图中的某条边是仅可从顶点 i 指向另一个顶点 j 的边（节点 i 为始点、节点 j 为终点），且其任意一条边都赋有相应的权值（表示相应两个节点之间联系的强度）。

（2）加权无向图。加权无向图中的边是无向但有权的，即图中的某条边是一条从顶点 i 指向另一个顶点 j 且同时可从顶点 j 指向顶点 i 的边，且其任意一条边都赋有相应的权值（表示相应两个节点之间联系的强度）。

（3）无权有向图：无权有向图中的边是有向但无权的，即图中的某条边是仅可从顶点 i 指向另一个顶点 j 的边（节点 i 为始点、节点 j 为终点），且其任意一条边权值都相等（通常每条边的权值均为1）。

（4）无权无向图。无权无向图中的边是无向且无权的，即图中的某条边是一条从顶

点 i 指向另一个顶点 j 且同时可从顶点 j 指向顶点 i 的边，且其任意一条边权值都相等（通常每条边的权值均为 1）。

在最初的网络结构分析时，通常采用无权无向图进行建模，也是目前计算机网络中常用的建模方式。然而，对于电力系统而言，电能的传输与信息流的传输不同，不同电气距离会对潮流分布带来较大影响，不同线路的潮流特征会导致其重要程度的不同。因此，在受端主网架的复杂网络建模时，本书建议采用加权无向图，这也与目前该研究领域所采用的图的类型一致。

3. 受端主网架的复杂网络模型

对受端主网架的复杂网络建模而言，包括模型抽象方式和模型关键要素两个方面，前者是将受端主网架抽象为由节点和支路组成的拓扑图的过程，后者则是建立拓扑图中节点或支路的相关信息。下面按照模型抽象方式和模型关键要素两个方面，介绍受端主网架的复杂网络模型的建立过程。

（1）模型抽象方式：将受端主网架抽象为以节点和支路为核心的无向图。受端主网架是一个有着大量节点、节点之间有着复杂连接关系的网络，它具有复杂网络的一般特征，将受端主网架抽象为复杂网络模型，就是将主网架的结构进行抽象表示。具体而言，根据母线、变压器和输电线的现有信息，以何种方式将发电机节点、中间节点和负荷节点连接起来，连接关系是决定电力系统安全稳定运行的关键因素之一。受端主网架的复杂网络模型包含母线、变压器、发电机、负荷、输电线路、开关、串联线路等，其抽象过程如图 3-4 所示。

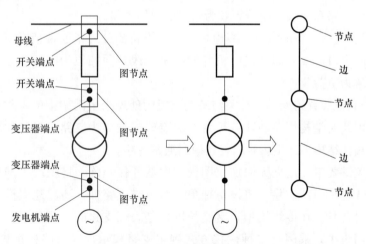

图 3-4　受端主网架的复杂网络模型抽象过程示意图

将受端主网架抽象为以节点和支路为核心的无向图 $G(V, E, W)$ 是复杂网络建模的第一步，其中 G 表示由节点和支路组成的无向加权图，V、E、W 分别表示节点集合、支路集合与各支路权值集合。实际上，受端主网架的复杂网络建模是将其抽象为一个加权无向图。在本步骤中，主要目标是将受端主网架抽象为以节点和支路为核心的无向图，即构建出图中的节点与支路。对于各支路的权值，将在下一步骤（建立无向加权图模型中的邻接矩阵）中，通过图 G 的邻接矩阵确定。本步骤中，对于各支路权值集合 W 可不进行考虑，或暂时按照无权图将各支路权值设置为 1。基于复杂网络的受端主网架结构分析更注重固有拓扑关系，因此受端主网架的复杂网络建模时需对各设备做出简化以生成无向加权图 $G(V，E，W)$ 中的元素，具体生成方式如下。

1）母线的处理。主网架中的母线均位于厂站内，是系统中可连接多个线路的设备，因此各类母线是模型中各类节点的载体，与电源母线、负荷母线和中间母线一致，模型中的节点分为电源节点、中间节点和负荷节点。

2）输电线路的处理。输电线路是指连接厂站之间的电能输送线路，厂站内部的线路不在考虑范围内，在建模时，可将连接各厂站之间的输电线路抽象为模型中的支路；对于厂站内部的线路，通常将其融入厂站内部的设备（变压器、开关等）中，视为厂站内部设备的附加连接线进行统一建模。

3）变压器的处理。变压器是布置于厂站内、特别是变电站内部的重要设备，变压器连接于两个母线之间，因此将厂站内部的变压器等值为支路；对于三绕组变压器而言，由于其连接于三个母线，因此将其等值为三个双绕组变压器进行建模。

4）外部等值处理。外部等值处理指相对于分析区域之外的电网，可等值为节点进行处理。例如，对受端主网架中 500kV 和 220kV 网架进行分析时，可将该受端主网架区域内的交直流特高压落点等值为电源节点。

5）并联支路的处理。并联支路的处理指在复杂网络的一般建模中，为了简化起见，通常将并联输电线路和并联变压器等效为参数的单回支路。

6）发电机、负荷设备的处理。发电机、负荷设备的处理指通常情况下，将发电机和负荷融入相应的出口母线，即将发电机与发电机母线共同抽象为电源节点、将负荷与负荷母线共同抽象为负荷节点。

7）开关与其他装置的处理。开关与其他装置的处理指主网架中的各类开关通常都位于厂站之内，因此对结构影响较小，可将开关忽略或抽象为支路；对其他装置而言，由于对主网架的拓扑结构不产生影响，在建模时通常忽略。

（2）模型关键要素：建立无向加权图模型中的邻接矩阵。将受端主网架抽象为加权无向图模型 $G(V，E，W)$，除了将设备抽象为节点或支路外，还需建立模型中的各支路权值，即权值集合 W。在传统模型，支路长度也是表征支路的重要信息，常作为支路的权值，但复杂网络中，采用有多种赋权方式确定支路权重，以支路权重表征支路信息，且通常该支路的长度是影响该支路权值的因素之一。

一般情况下，模型中所需获取的支路信息包括支路权值及其所连接的节点。为此，可采用加权无向图的邻接矩阵进行表征，建模中本步骤的核心也是确定受端主网架的加权无向图模型 $G(V，E，W)$ 的邻接矩阵 $A(G)$。邻接矩阵 $A(G)$ 是通过节点之间支路的权值表征无向加权图模型 $G(V，E，W)$ 的中节点连接关系的矩阵，即矩阵 $A(G)$ 中的元

素为模型 $G(V, E, W)$ 中相应支路的权值，邻接矩阵的具体含义如下：

假设受端主网架抽象的加权无向图模型 $G(V, E, W)$ 中共含有 N 个节点和 B 个支路，那么邻接矩阵 $A(G)$ 为 $N \times N$ 维矩阵。矩阵中，第 i 行第 j 列的元素 a_{ij} 表示第 i 个节点与第 j 个节点之间支路的权值。显然，邻接矩阵中，$a_{ij} = a_{ji}$。当节点 i 和节点 j 之间不存在连接线路时，元素 a_{ij} 为 0。对于矩阵 $A(G)$ 的对角元素而言，对角元素 a_{ii} 也均为 0。

可见，邻接矩阵不但表征了各支路的权值，还表征了节点之间的连接关系，能够体现模型 $G(V, E, W)$ 的全部信息。采用邻接矩阵表示一个网络，可以很容易判定任意两个节点之间是否有支路相连，还可对该矩阵进行分析来研究网络的许多性质。对于邻接矩阵的计算而言，各支路权值的确定是关键环节。最初的复杂网络模型中，仍采用一般网络模型中的网络传输跳数或支路长度作为某支路的权值。对于受端主网架而言，赋权时除考虑传统网络中的跳数、长度外，更应考虑设备的电气特性。目前，在电力系统的复杂网络模型中，较为常见的支路权值的赋权方式包括两类：

1）基于设备电气参数的赋权方式。基于设备电气参数的赋权方式将设备的电气参数作为支路权值，如设备的阻抗、线路的长度、通过设备参数计算得到的新指标等。目前，该类赋权方式中最常见的方式是通过支路阻抗设置某条支路的权值，即采用输电线路的阻抗、变压器的阻抗或其他等效为支路的设备阻抗作为对应支路的权值。

2）基于系统运行参数的赋权方式。基于系统运行参数的赋权方式将系统运行中支路的运行参数作为权重，如线路或变压器的有功潮流或者无功功率、节点之间的无功功率-电压灵敏度等。目前，该类赋权方式中最常见的方式是通过支路潮流设置某条支路的权值，即采用输电线路的潮流变压器的潮流或其他设备的潮流作为对应支路的权值。

通过支路阻抗来表征节点之间的连接强度是一种较为合理的方式，也是目前电力系统领域中复杂网赋权的主要方式之一。为了让读者更加直观地了解邻接矩阵，下面以一个加权无向图为例进行说明，如图 3-5 所示。

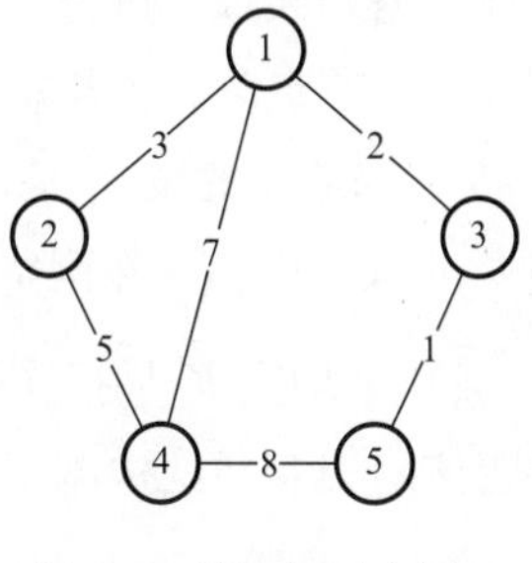

图 3-5 中，共有 5 个节点，各支路中的数字为该支路的权值。因此，该邻接矩阵 $A(G)$ 为 5×5 的矩阵。图中，除"节

图 3-5　某加权无向图 G

点 1-节点 2""节点 1-节点 3""节点 4-节点 2""节点 3-节点 5""节点 4-节点 5""节点 1-节点 4"外，不存在其他支路。因此邻接矩阵 $A(G)$ 中，仅这 5 个支路对应的 10 个元素非零，其余均为零元素，建立具体的邻接矩阵如下。

$$A(G) = \begin{bmatrix} 0 & 3 & 2 & 7 & 0 \\ 3 & 0 & 0 & 5 & 0 \\ 2 & 0 & 0 & 0 & 1 \\ 7 & 5 & 0 & 0 & 8 \\ 0 & 0 & 1 & 8 & 0 \end{bmatrix} \tag{3-1}$$

3.2.2 受端主网架的结构分析

1. 基于复杂网络的受端主网架结构分析方法

受端主网架是一个有着大量节点、节点之间有着复杂连接关系的网络，它具有复杂网络的一般特征。基于复杂网络进行受端主网架的结构分析时，将其抽象为复杂网络模型；针对受端主网架的复杂网络模型，计算复杂网络理论中的一系列结构指标，如平均距离、度的分布、聚类系数等；根据指标计算结果得出受端主网架的结构分析结果。基于复杂网络的受端主网架结构分析方法的基本流程如图3-6所示，其核心为建立结构分析模型与结构指标的计算。其中，受端主网架的复杂网络模型已在上一节中进行了详细介绍，本节重点介绍结构指标的计算。

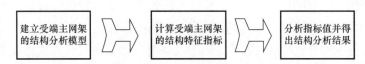

图3-6　受端主网架结构分析的基本流程

基于复杂网络的受端主网架结构分析中，常见的结构指标及其计算公式如下。这里指出，对于特定环境下的受端主网架结构分析，其结构指标不限于下述指标，可根据具体情况进行扩充。同时，下述指标中，引用到了复杂网络中的常用结构指标，这些复杂网络中的传统指标，在受端主网架中具有通用性，读者也可参考其他著作或文献中的介绍或根据个人理解进行计算。

（1）节点度、平均度及度分布。

1）节点i的度k_i是指受端主网架模型中与该节点相连的支路数量。一般来说，节点度k_i越大，节点i在网络中的地位就越重要。

2）平均度$\bar{K}$是指受端主网架模型中所有节点度的平均值。一般来说，平均度越大，说明该网架互联结构越复杂，可靠性也相对越强，平均度的计算公式如下：

$$\bar{K} = \frac{1}{N}\sum_{i=1}^{N}k_i \qquad (3-2)$$

式中　N——节点总数；

　　　k_i——节点i的度。

3）节点的度分布是受端主网架模型中各节点度的概率分布。一般来说，不同类型的网络，其节点的度分布有着明显的差异，如小世界网络的节点度分布接近泊松（Poisson）分布，而无标度网络的节点度分布则是幂律分布。近期研究认为，受端主网架的节点度分布近似服从指数分布。

（2）平均路径长度。受端主网架的平均路径长度L是指模型中任意两个节点之间路径长度的平均值，其计算公式如下：

$$L = \frac{1}{N(N-1)} \sum_{i,j \in N, i \neq j} d_{ij} \tag{3-3}$$

式中　N——节点总数；

　　　d_{ij}——受端主网架模型中节点 i 和节点 j 之间的距离，即为两个节点之间最短路径的长度，也即最短路径上经过的所有支路权值之和。

节点 i 和节点 j 的最短路径是指这两个节点之间的所有路径中，支路权值之和最小的路径。

（3）聚类系数。受端主网架中，节点 i 的聚类系数 C_i 描述的是该节点的"邻居"们之间的耦合程度，其定义为：与节点 i 直接相连节点所组成子网的边数与该子网最大可能边数的比值，计算公式如下：

$$C_i = \frac{2e_i}{k_i(k_i-1)} \tag{3-4}$$

式中　k_i——节点 i 的度；

　　　e_i——与节点 i 直接相连节点所组成子网的支路数。

聚类系数越大，网络中局域连接就越多。

受端主网架的聚类系数可认为等于所有节点的聚类系数的平均值，若受端主网架模型中有 N 个节点，则该受端主网架的聚类系数为：

$$C = \frac{1}{N} \sum_{i=1}^{N} C_i \tag{3-5}$$

（4）电气距离与平均电气距离。受端主网架中，电流和电压遵循欧姆定律和基尔霍夫定律，因而网络中节点之间的电气连接的强弱不仅存在于直接连接的节点之间，也存在于间接连接的节点之间。节点之间的连接的强度可通过电气距离来表征，也就是说，节点之间的电气距离就是表征两个节点之间电气关系的参数。在 N 个节点的电网中，根据基尔霍夫定律，可得到节点电流和节点电压之间的基尔霍夫方程，如式（3-6）所示。方程由注入节点 i 的电流相量、节点 i 的电压相量和节点阻抗矩阵 $\boldsymbol{Z}$ 组成，其中节点阻抗矩阵 $\boldsymbol{Z}$ 中的第 i 行第 j 列的元素表征了节点 i 的电压与节点 j 的电流之间的线性关系。节点阻抗矩阵 $\boldsymbol{Z}$ 是对角对称的矩阵，即 $Z_{ij} = Z_{ji}$。

$$\begin{bmatrix} Z_{11} & \cdots & Z_{1i} & \cdots & Z_{1N} \\ \vdots & & \vdots & & \vdots \\ Z_{i1} & \cdots & Z_{ii} & \cdots & Z_{iN} \\ \vdots & & \vdots & & \vdots \\ Z_{N1} & \cdots & Z_{Ni} & \cdots & Z_{NN} \end{bmatrix} \begin{bmatrix} \dot{I}_1 \\ \vdots \\ \dot{I}_i \\ \vdots \\ \dot{I}_N \end{bmatrix} = \begin{bmatrix} \dot{U}_1 \\ \vdots \\ \dot{U}_i \\ \vdots \\ \dot{U}_N \end{bmatrix} \tag{3-6}$$

受端主网架中，任意两个节点之间的电气距离可用节点阻抗矩阵 $\boldsymbol{Z}$ 中的元素进行表示，节点 i 和节点 j 之间的电气距离 dE_{ij} 定义为节点阻抗矩阵中第 i 行第 j 列的元素 Z_{ij}，即：

$$dE_{ij} = Z_{ij} \tag{3-7}$$

两个节点之间的电气距离越大，说明两个节点之间的电气连接越弱，而较小的电气距离代表了节点之间更强的电气连接。对于整个受端主网架而言，其平均电气距离是表征该网架电气连接关系强弱的关键指标。受端主网架的平均电气距离定义为网络中任意两个节点之间的电气距离的平均值，计算公式如下：

$$dE = \frac{1}{(N-2)(N-1)} \sum_{\substack{(i,j) \\ i \neq j}} dE_{ij} \tag{3-8}$$

（5）输电效率。复杂网络理论中，从图论出发建立了网络传输效率指标。对于受端主网架而言，采用支路阻抗或其他表征电气连接关系的电气参数赋权后的模型进行计算，可表征受端主网架的输电效率，用来评价网架整体的性能。受端主网架的输电效率计算公式为：

$$E = \frac{1}{(N-2)(N-1)} \sum_{\substack{(i,j) \\ i \neq j}} \frac{1}{d_{ij}} \tag{3-9}$$

式中　d_{ij}——模型中节点 i 和节点 j 之间的距离，即两个节点之间最短路径的权值之和，其倒数认为是两个节点间的效率；

　　　　N——节点的总数。

2. 算例简述

以某省级受端主网架为例，按照上述复杂网络建模方式和结构指标计算公式，得出平均路径长度、平均聚类系数、平均电气距离、输电效率等指标。该受端主网架中包含节点 1914 个，支路 2579 条。为了便于对比，还对 IEEE-118 标准系统进行了指标计算。该受端主网架及其与 IEEE-118 标准系统的对比结果见表 3-3。

表 3-3　　　　　　　某受端主网架及其与 IEEE-118 标准系统的对比结果

计算对象	平均度	平均路径长度	平均聚类系数	平均电气距离	输电效率
某受端主网架	2.44	11.9581	0.007828	0.008727	133.7972
IEEE-118	3.15	6.3087	0.16508	0.07659	17.1311

从表 3-3 中可以看出，受端主网架的平均路径长度和输电效率较大、平均聚类系数和平均电气距离较小。可见，相比 IEEE-118 标准系统而言，该受端主网架的拓扑结构结构更加合理。由于规模远大于 IEEE-118 标准系统，该受端主网架的输电效率和平均电气距离也远优于 IEEE-118 标准系统，同时平均路径长度处于合理范围，这都表明该受端主网架的节点联系紧密、结构合理、整体效率较高。平均路径长度和平均聚类系数是复杂网络的主要特征之一，建立与该受端主网架相同规模的随机网络（节点数和平均度相同的随机网络），并计算其平均路径长度为 $L_{random}=7.6229$、平均聚类系数 $C_{random}=0.0014$。相比之下，该受端主网架的平均路径长度和平均聚类系数远大于随机网络，与相关研究中指出的复杂网络特征结论（小世界网络的判据为 $L \gg L_{random}$、$C \gg C_{random}$）一致，该省级受

端主网架具有复杂网络特征。

下面，对该受端主网架的主要结构指标分布与节点移除元件后的主要结构指标分布分别进行分析。

（1）节点度分布与聚类系数分布。首先分析该受端主网架中节点度和聚类系数的分布情况，如图 3-7 所示。

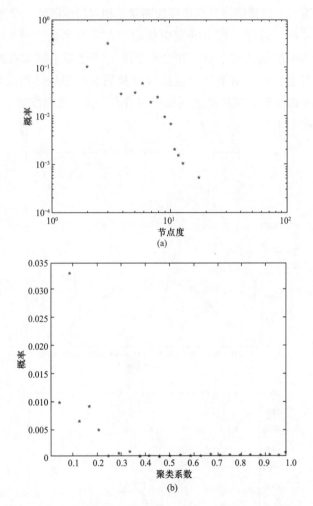

图 3-7　某受端主网架的节点度分布与聚类系数分布

（a）节点度分布；（b）聚类系数分布

1）节点度分布：该受端主网架的平均度为 2.44，最大节点度为 12，节点度大于 8 的节点共有 6 个，均为承担较大功率转送功能的 500kV 变电站的 500kV 节点，这些节点正是系统中处于枢纽位置的节点，其故障会对该受端主网架造成较大影响。分析节点度分布可知，该受端主网架的节点度主要集中在 1、2、3，度分布概率分别为 0.3829、0.1069 与 0.3335，这与大部分受端主网架的度分布类似，主网架的连接程度较为稀松，这主要是由于负荷母线（含110kV）、发电机母线在模型中等效为末端负荷节点的原因。

2）聚类系数分布：该受端主网架的平均聚类程度较低，在各节点聚类系数分布中，多数节点集中在较小聚类系数的范围。系统发生故障时，故障的传播会受到网架结构的影响，而聚类系数较小的网架的故障传播速度相对较低。从电压等级上来看，聚类系数较高的节点集中在220kV母线节点，这表明220kV电压等级线路与周围线路联系紧密，聚类系数较高；而500kV线路由于为骨干连接线，其与周围线路联系相对较少薄弱，聚类系数较低。

（2）节点移除分析。通过比较主网架中移除节点后对剩余主网架的影响，可判断出系统故障的临界点与系统的关键节点。图3-8给出了该受端主网架在两种节点移除方式下，剩余网架连接程度、剩余网架节点连接数以及剩余网架线路连接数的变化情况。其中，方式1曲线表示以随机方式移除主网架中的节点；方式2曲线表示按节点度从大至小的顺序依次移除主网架中的节点。

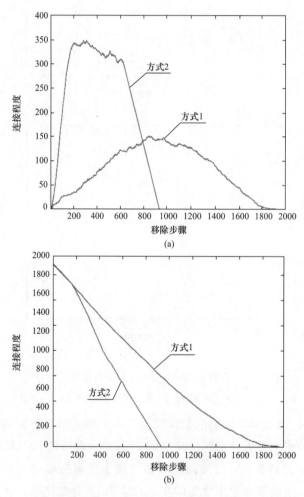

图 3-8 不同方式移除节点后剩余网架的变化情况对比（一）

（a）剩余网架的连接程度；（b）剩余网架的节点连接数

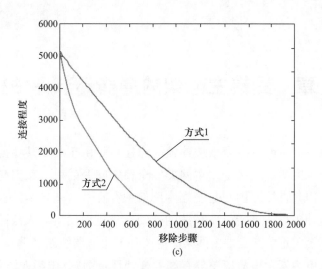

图 3-8　不同方式移除节点后剩余网架的变化情况对比（二）
（c）剩余网架的线路连接数

通过对剩余网架的连接程度的比较可见：随机移除主网架中的节点，对剩余电网中节点间的连接程度影响平缓，未见对电网结构影响突出的节点；按节点度大小顺序依次移除时，由于最初移除的节点度较大，移除后打散了原有的网架结构，使电网中弱连接的节点数量迅速增加，但随着移除节点的数量不断增加，网架中会有一个临界点，达到这个临界点后，网架的连接程度受到严重影响，迅速崩溃。

通过对剩余网架的节点连接数和线路连接数的比较可见：根据节点度大小顺序移除节点后，会迅速降低网架中的节点连接数和线路连接数，使剩余电网规模减小并导致电网破裂；而通过随机移除节点时，网架中的节点连接数和线路连接数的变化较为缓慢，对主网架的影响较小。

第4章　受端主网架的薄弱环节评估技术

国内外的停电事故表明，电力系统连锁故障往往是由于其中某些薄弱环节的故障所引发的。相比传统主网架，虽然受端主网架安全稳定问题的根本原因是复杂互联结构和大规模电力受入，但其直接原因则是受端主网架中存在的薄弱环节。这些薄弱环节的元件故障或受到其他冲击后，可能引发系统的连锁反应进而发生重大故障，因而受端主网架的薄弱环节评估至关重要。受端主网架的薄弱环节由薄弱线路和薄弱节点两部分组成。在国务院颁发的《电力安全事故应急处置和调查处理条例》（中华人民共和国国务院 599 号令）中明确规定，主网架中的线路发生 $N-1$ 故障后，系统应能保持稳定运行和正常供电，而节点发生故障（节点出线全停）时，允许采取部分负荷切除措施以保障系统稳定运行。

薄弱环节评估技术是受端主网架规划建设、运行控制和运维检修等多环节的另一个基础支撑，其目的是发现受端主网架中可能引发安全稳定问题的薄弱环节以采取相应措施，是保障受端主网架安全稳定的基础分析环节之一。

本章从受端主网架的薄弱线路评估与薄弱节点评估两个方面介绍受端主网架的薄弱环节评估技术。薄弱线路评估的对象包括输电线路、变压器线路等，是引发连锁故障的关键环节；薄弱节点评估对象包括变电站中间母线、发电机组出口母线、负荷母线等，是电压稳定问题的关键所在。因此，本书中的受端主网架薄弱线路评估技术重点针对系统的连锁故障，而薄弱节点评估技术重点针对节点的静态电压稳定，可分别解决薄弱线路评估精度低、速度慢和薄弱节点评估不全面的问题。

4.1　受端主网架薄弱线路评估技术

4.1.1　技术背景

近年来，受端主网架的安全稳定问题日益突出，作为复杂电力系统的共性问题，安全稳定问题的直接表现是受端主网架连锁故障的发生。国内外的相关研究已经表明，电网中存在少量的薄弱线路，这类线路是系统发生连锁故障的"元凶"，也是造成受端主网架安全稳定问题的薄弱环节之一。由于这些少量薄弱线路在受端主网架的安全稳定中起了重要作用，因此受端主网架薄弱线路评估对制定合理有效的优化策略、提升其可靠性和鲁棒性具有重要意义。传统的电网薄弱线路辨识通常通过连锁故障模拟实现（例如蒙特卡洛模拟、运行状态搜索等），这类方法的精度高但模拟速度较慢。随着复杂网络研究的推进，其较好阐述了连锁故障发生的原因并提供了薄弱线路评估的新思路。基于复杂网络的薄弱线路评估以受端主网架拓扑结构为考察对象，虽然速度较快，但没有考虑主网架的实际运行状况，导致评估结果存在一定误差。因此，近年来在复杂网络中考虑电网运行模拟的薄弱线路评估技术成为薄弱线路辨识的重要技术方向。

目前，电网中的薄弱线路评估技术可以分为3类。

（1）基于传统复杂网络的电网薄弱线路评估方法。在基于传统复杂网络的电网薄弱线路评估方法中，通过介数、紧密性、特征函数等来衡量节点或线路脆弱性，在模型建立时仅考虑了节点及其连接关系，没有充分考虑电力系统实际运行的电气指标。通过该类方法评估出的薄弱线路受到攻击时，电网的连接关系会受到很大影响，进而引发严重的安全稳定。然而，在实际运行中，电网并不能简化为一个仅考虑拓扑连接关系的网络。因此，这类方法评估出的薄弱线路与实际可能引发安全网稳定问题的薄弱线路之间是存在差异的。

（2）基于连锁故障模拟的电网薄弱线路评估方法。在基于连锁故障模拟的电网薄弱线路评估方法中，通过采样后模拟运行状态获取大量的电网仿真结果实现连锁故障模拟，进而得到引发连锁故障的电网薄弱线路，属于电网运行仿真的技术手段，其中采样方式有随机采样和有目的采样。目前，常见的连锁故障仿真模型有OPA模型及其改进模型、考虑时间尺度的连锁故障模型等；在连锁故障模拟时，采用的方法有传统的蒙特卡罗方法和各类运行状态搜索算法等。其中运行状态搜索算法由于其专业性较强且结果受参数影响较大，导致在实际技术工作中难以应用；蒙特卡罗方法是典型的随机采样方法，可以针对大电网的级联故障进行建模仿真，统计各线路情况及其可能造成的负荷损失，从而实现薄弱线路评估。这类方法优点在于精度较高，但缺点是大量连锁故障仿真耗时较长、评估效率低下。

（3）在复杂网络中考虑电网运行模拟的电网薄弱线路评估方法。在复杂网络中考虑电网运行模拟的电网薄弱线路评估方法是综合利用复杂网络和运行模拟两种手段的典型代表，同时利用这两种手段的薄弱线路评估方法还有其他思路，读者可自行参考相关文献。该类方法中，在复杂网络建模时考虑电网的电气特征，利用复杂网络脆弱性评估理论，得到更加符合电网实际情况的薄弱线路评估结果，例如，电气介数的方法、无功灵敏度建模的方法等。在复杂网络中考虑电网运行模拟的电网薄弱线路评估方法的特点是计算速度较连锁故障模拟更快，而准确度较传统复杂网络方法更高，同时考虑评估精度和评估速度，评估方法简单，适合相关技术人员在实际业务中的应用。

因此，从实际业务中技术人员应用角度出发，本节所介绍的受端主网架薄弱线路评估技术属于上述第三类方法，在复杂网络中考虑电网运行模拟，具有较优的评估精度和评估速度。然而，受端主网架中应用第三类方法仍存在以下缺陷：①未考虑受端主网架的结构和状态会随线路开断而发生变化的特点，导致评估时利用的指标存在一定局限性；②仅考虑了初始故障处于脆弱地位的核心线路，难以发现在连锁故障传播过程中起到推波助澜的薄弱线路；③具体薄弱线路的评估指标多通过线路介数或考虑运行状态参数构建指标，这就导致评估时的计算复杂度大大增加（相比传统复杂网络方法），评估效率较低。因此，无论在评估精度还是在评估速度上，受端主网架薄弱线路评估技术未来均具有不断优化的空间，可以更好地适应受端主网架的安全稳定需求。

在上述技术背景下，本节提出的受端主网架薄弱线路评估技术通过对线路权威值和枢纽值的评估寻找薄弱线路，改进超链接诱导主题搜索算法（hyperlink-induced topic search，HITS）并基于该算法求解权威值和枢纽值，能够改善前面所述受端主网架中应用第三类方法的缺陷，在优化评估精度与评估速度上，满足相关技术人员在实际业务中的技术需求，更有力地保障受端主网架的安全稳定。

4.1.2　技术原理

（1）基于权威值和枢纽值评估主网架薄弱线路的基本思路。在实际电力系统中，有两类线路对于连锁故障传播具有重要的作用：一类是线路本身故障后对其他线路有重要影响的线路，这类线路为传统的脆弱线路（薄弱线路）；另一类线路是易受到其他线路故障影响的线路，这类线路在系统初始故障发生后很容易受到波及，并进而加速连锁故障的传播。在这两类薄弱线路共同作用下，初始故障逐步发展形成连锁过程。这两类线路及其关系与康奈尔大学的 Kleinberg 博士对互联网网页（或网站）之间联系的研究类似，其研究将重要网页分为两类，第一类是权威级别较高的网页，权威级别表示具有较高价值的网页，具有更多指向它的网页（网站）页面；第二类则是枢纽级别较高的网页，枢纽级别表示易受到其他网页影响的网页，具有指向较多权威级别网页的网页（网站）页面。因此，网络中的权威值和枢纽值可用于表征受端主网架中的薄弱线路。

针对受端主网架安全稳定，本节提出 HITS 进行主网架薄弱线路评估的技术原理，从权威值和枢纽值两个方面对于薄弱线路进行评估，从而指导受端主网架规划方案和运行优化策略的制定。在此基础上，对用于求解权威值和枢纽值的 HITS 算法，进行两点改进：①通过线路故障后引起的潮流变化，构建故障潮流相关矩阵，并将该矩阵作为 HITS 算法迭代过中的相关性矩阵，实现对 HITS 算法的改进；②考虑电网的拓扑结构以及状态随线路开断发生变化的实际情况，建立线路的运行可靠性模型，基于考虑运行可靠性加权，优化 HITS 算法。这两点改进旨在提升受端主网架薄弱线路快速评估的精度。基于 HITS 算法的受端主网架薄弱线路评估技术的详细内容将在 4.1.3 节进行介绍。

在权威值和枢纽值的最初范畴里，采用一个有向图 $G=(V, E)$ 表示具有连接关系的网页页面。图中的每个节点对应一个网页，有向边 $(i, j) \in E$ 表示网页 i 链接指向网页 j。节点 i 的出线度指节点 i 链出的网页数量，而节点 i 的入线度则指的是链接指向节点 i 的网页数量。

在受端主网架中，各线路的权威值和枢纽值可借鉴网页中拓扑图的方式求解，也可根据系统运行状态模拟连锁故障得到。因此，通过权威值和枢纽值评估受端主网架薄弱线路的基本思路有 2 种，如图 4-1 所示。从图 4-1 中可见，这两种评估思路的区别主要在于权威值和枢纽值的计算方式不同：一是基于连锁故障模拟计算权威值与枢纽值，另一个则是基于 HITS 算法计算权威值与枢纽值。

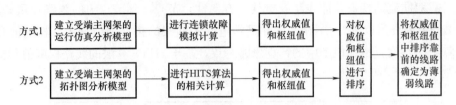

图 4-1　基于权威值和枢纽值评估受端主网架薄弱线路的基本思路

（2）基于连锁故障仿真的线路权威值和枢纽值求解。基于连锁故障仿真的线路权威值和枢纽值求解指通过连锁故障模型可以得到大量的仿真结果，这些结果记录了每一次连锁故障模拟的发展过程。这一过程中故障在设备之间的传播与网页和文献之间的每一次引用关系类似。因此，可以通过对连锁故障仿真结果的统计来估计电力系统中线路的权威值和枢纽值，从而找出这两类重要线路：一类线路的重要性体现在其故障对其他线路将产生严重影响，另一类线路容易受到其他线路故障的影响而发生相继故障。这两类线路分别对应着电力系统线路的两类脆弱性：一种是权威脆弱性，其脆弱性直接与系统风险相关；一种是枢纽脆弱性，其脆弱性体现在连锁故障传播过程中。

根据连锁故障结果，可以计算第 k 次模拟中线路 i 故障时线路 j 故障的概率：

$$P_{ij,k} = \frac{p_{j,k}(s_{j,k})}{N(s_{i,k})} \tag{4-1}$$

式中　$p_{j,k}(s_{j,k})$——线路 j 在第 k 次模拟的第 $s_{j,k}$ 阶段故障的概率；

$N(s_{i,k})$——在第 k 次模拟中线路 i 故障同时（第 $s_{i,k}$ 阶段）的其他故障线路总数。

由于线路 j 在线路 i 的下一阶段故障，故 $s_{j,k}=s_{i,k}+1$。

将连锁故障模拟的 m 次结果累加，得到线路 i 故障时线路 j 故障频次的估计：

$$P_{ij} = \sum_{k=1}^{m} P_{ij,k} \tag{4-2}$$

于是，通过连锁故障仿真可以得到线路 i 的权威值估计：

$$T_i = \sum_{j=1}^{n} P_{ij} \tag{4-3}$$

线路 j 的枢纽值估计为：

$$H_j = \sum_{i=1}^{n} P_{ij} H_j = \sum_{i=1}^{n} P_{ij} \tag{4-4}$$

当仿真次数足够多时，由统计得到的设备权威值和枢纽值将接近于真值。不过，由于连锁故障模拟耗费大量的时间，需要更加高效的方法。因此，基于 HITS 算法的权威值与枢纽值求解方式更加适用。

（3）基于 HITS 算法的线路权威值和枢纽值求解。在权威值和枢纽值最初提出的范畴里，基于 HITS 算法，利用网页间的邻接矩阵不断迭代，更新网页的权威值和枢纽值，实现对网络中权威值和枢纽值的求解。与之相对应，在受端主网架薄弱线路评估中，将受端主网架抽象为一个加权有向图 $G=(V，E，W)$，然后通过拓扑图模型中的线路权重建立相关性矩阵，并根据相关性矩阵进行循环迭代求解权威值和枢纽值。其中，线路之间的潮流具有双向流动特征，即线路权重具有方向性，节点 i 到节点 j 的线路权重 w_{ij} 与节点 j 到节点 i 的线路权重 w_{ji} 不相等。在受端电网主网架的拓扑图模型中，权威值和枢纽值的计算思路与网页拓扑模型中的计算思路一致，基于 HITS 算法的线路权威值和枢纽值求解的基本思路如图 4-2 所示。

图 4-2　基于 HITS 算法的线路权威值和枢纽值求解思路

从图 4-2 中可见，循环迭代过程的关键是相关性矩阵 A 的构建。与网页拓扑图不同的是，电力网络中的连锁故障一般表现为线路的相继开断，原始的 HITS 算法没有考虑受端主网架在运行中发生故障后的电气特征，虽然相比连锁故障模拟求解权威值和枢纽值时的速度大大提升，但评估结果的误差较大。因此，原始 HITS 算法若用于受端主网架中权威值和枢纽值的求解，则必须考虑故障前后的系统运行电气参数，并能够在拓扑图模型中反映线路相继故障的可能性，这就需要在 HITS 算法中构建新型相关性矩阵 A。为此，通过描述不同线路间的故障关联关系建立拓扑图模型中线路权重，并以此构建相关性矩阵，得到适用于受端主网架"权威线路"和"枢纽线路"评估的改进HITS 算法。

4.1.3　基于超链接诱导主题搜索算法的受端主网架薄弱线路评估技术

在上一节中已述及，相比于传统 HITS 算法，本章所提出的改进 HITS 算法用于受端主网架薄弱线路评估时做出了两点优化，对应可形成两种改进算法：

（1）基于故障潮流相关矩阵的改进 HITS 算法。基于故障潮流相关矩阵的改进 HITS算法分析计算线路故障后引起其他线路的潮流变化，构建故障潮流相关矩阵 A，作为HITS 算法中迭代过程相关性矩阵，保证 HITS 算法在评估权威值和枢纽值时，考虑系统运行状态和系统中线路之间的故障关系，实现薄弱线路全面评估，提升评估精度。

（2）考虑运行可靠性的改进 HITS 算法。考虑运行可靠性的改进 HITS 算法考虑受端主网架拓扑结构以及状态随线路开断发生变化的实际情况，建立线路的运行可靠性模型，通过各线路的运行可靠性对线路进行加权，保证 HITS 算法在评估权威值和枢纽值时，考虑线路运行故障可能性的变化，避免乐观的评估结果，提升评估精度。

4.1.3.1　基于故障潮流相关矩阵的改进 HITS 算法

（1）故障潮流相关矩阵。在受端主网架中，相关性矩阵可以通过不同线路间的潮流相关性来描述，即受端主网架中某条线路 $N-1$ 故障后对其他线路潮流引起的变化量，并将该矩阵命名为"故障潮流相关矩阵"。可见，故障潮流相关性矩阵 A 代表了线路故障之间相互影响的有向图，以此为基础可进行受端主网架中线路的权威值与枢纽值计算。故障潮流相关矩阵的计算公式如式（4-5）和式（4-6）所示。

$$A = \begin{bmatrix} \Delta M_{11} & \Delta M_{12} & \Delta M_{13} & \cdots & \Delta M_{1n} \\ \Delta M_{21} & \Delta M_{22} & \Delta M_{23} & \cdots & \Delta M_{2n} \\ \Delta M_{31} & \Delta M_{32} & \Delta M_{33} & \cdots & \Delta M_{3n} \\ \vdots & \vdots & \vdots & \ddots & \vdots \\ \Delta M_{n1} & \Delta M_{n2} & \Delta M_{n3} & \cdots & \Delta M_{nn} \end{bmatrix} \tag{4-5}$$

$$\Delta M_{ij} = \begin{cases} \dfrac{\Delta P_{ij}}{S_j - |P_j|} & i \neq j \\ 0 & i = j \end{cases} \tag{4-6}$$

式中　ΔM_{ij}——矩阵 A 中第 i 行、第 j 列的元素值；

　　　S_j——第 j 条线路的最大潮流容量；

　　　P_j——线路 i 故障前线路 j 的潮流值；

　　　ΔP_{ij}——线路 i 故障后引发线路 j 的潮流相对变化值，计算公式如下。

$$\Delta P_{ij} = \begin{cases} 0 & i = j \\ 0 & P_j^{(i)}P_j > 0 \text{ 且 } |P_j^{(i)}| < |P_j| \\ |P_j^{(i)} - P_j| & \text{else} \end{cases} \tag{4-7}$$

式中　$P_j^{(i)}$——线路 i 故障后线路 j 的潮流值。

当 $i=j$，或线路 i 故障引起线路 j 的变化量向着更利于运行优化的状态发展（故障可能性降低）的时候，对角线的元素 $\Delta M_{ij}=0$，因为这些元素为线路对自身的影响，不能反映该线路故障对其他线路的故障影响。采用线路的潮流裕度作为分母，使得相关性矩阵的元素具有明确的物理意义，即线路 j 故障对线路 i 潮流变化量相对于其裕度的影响，反映了线路 j 因为线路 i 故障而发生相继故障的可能性。

（2）算法流程。在基于故障潮流相关矩阵的改进 HITS 算法中，线路的权威值与枢纽值均反映了主网架中线路的薄弱性，其中，权威值反映了该线路故障后对电网中其他线路产生的影响，枢纽值反映了线路受其他线路故障的影响。为了适应受端主网架的评估需求，薄弱线路评估采用基于故障潮流相关矩阵的改进 HITS 算法，基于故障潮流相关矩阵的改进 HITS 算法流程如图 4-3 所示。

基于故障潮流相关矩阵的改进 HITS 算法计算枢纽值及权威值的具体步骤如下：

1）步骤 1：构建故障潮流相关矩阵 A。构建故障潮流相关矩阵 A 指读取用于系统仿真的设备参数，计算任意线路故障引发的其他线路的潮流变化值，根据式（4-6）计算故障潮流相关矩阵 A 中的元素值，根据式（4-5）构建出用于迭代计算的故障潮流相关矩阵 A。

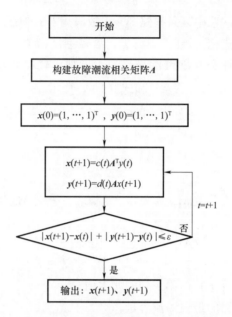

图 4-3 基于故障潮流相关矩阵的改进 HITS 算法流程

2）步骤 2：设置权威值 x 与枢纽值 y 的初始值。设置方式如下：权威值 x 与的初始值 $x(0)=(1,\cdots,1)^{\mathrm{T}}$；枢纽值 y 的初始值 $y(0)=(1,\cdots,1)^{\mathrm{T}}$。

3）步骤 3：设循环迭代次数初始值为 $t=0$，反复循环，迭代计算权威值与枢纽值，并对结果进行归一化。记主网架中 N 条线路组成的权威值向量为 $x=(x_1,x_2,\cdots,x_N)^{\mathrm{T}}$，枢纽值向量为 $y=(y_1,y_2,\cdots,y_N)^{\mathrm{T}}$；通过式（4-8）和式（4-9）计算第 $t+1$ 次迭代后的权威值向量 $x(t+1)$ 和枢纽值向量 $y(t+1)$。

$$x(t+1) = c(t)A^{\mathrm{T}}y(t) \tag{4-8}$$

$$y(t+1) = d(t)Ax(t+1) \tag{4-9}$$

式中　$c(t)$、$d(t)$——归一化参数，使得式（4-10）成立：

$$\sum_{i=1}^{N} x_i(t+1) = 1, \quad \sum_{i=1}^{N} y_i(t+1) = 1 \tag{4-10}$$

4）步骤 4：判断第 $t+1$ 次迭代后的权威值向量 $x(t+1)$ 和枢纽值向量 $y(t+1)$ 满足迭代终止条件时，结束循环。若步骤 3 中得到的第 $t+1$ 次迭代后的权威值向量 $x(t+1)$ 和枢纽值向量 $y(t+1)$ 满足：

$$\left| x(t+1) - x(t) \right| + \left| y(t+1) - y(t) \right| \leqslant \varepsilon \tag{4-11}$$

则结束循环，进行步骤 5。否则，设置 $t=t+1$，返回步骤 3。

5）步骤 5：输出各线路的权威值与枢纽值。根据步骤 4 得到的权威值向量 $x(t+1)$ 和枢纽值向量 $y(t+1)$，获取最终收敛的权威值向量和枢纽值向量 $x=(x_1,x_2,\cdots,x_N)^{\mathrm{T}}$、$y=(y_1,y_2,\cdots,y_N)^{\mathrm{T}}$，并按照由大到小的顺序进行排序，最后按顺序输出各线路的枢纽值和权威值；线路 i 的权威值 x_i 越大，或枢纽值 y_i 越大，则表明线路 i 越薄弱。

4.1.3.2 考虑运行可靠性的改进 HITS 算法

(1) 线路的运行可靠性模型。在系统运行阶段，线路所处外部环境、运行条件及自身老化情况等会随时间而变化，线路的停运风险也随之改变。目前，多采用固定的停运率指标表征线路故障的可能性，无法反映线路及系统在未来短期内的风险水平。为解决该问题，出现了受端主网架的元件运行可靠性评估方法，该方法采用时变的元件停运率代替常规可靠性评估中固定不变的停运率。考虑线路停运率随着负荷水平变化的问题，建立线路的运行可靠性模型来描述线路停运率，线路运行可靠性模型描述如式 (4-12) 所示。

$$\lambda_d = \begin{cases} \lambda_0 & 0 < P_d \leqslant L_{\text{Rate-d}} \\ \dfrac{k}{(L_{\text{max-d}} - P_d)^n} + c & L_{\text{Rate-d}} < P_d < L_{\text{max-d}} \text{ and } \dfrac{k}{(L_{\text{max-d}} - P_d)^n} < \dfrac{1}{T_d} \\ \dfrac{1}{T_d} & P_d \geqslant L_{\text{max-d}} \text{ or } \dfrac{k}{(L_{\text{max-d}} - P_d)^n} \geqslant \dfrac{1}{T_d} \end{cases} \quad (4\text{-}12)$$

式中　λ_d——线路 d 的停运率；

　　　λ_0——线路 d 的停运率历史统计平均值；

　　　$L_{\text{rate-d}}$——线路 d 的额定传输容量；

　　　$L_{\text{max-d}}$——线路 d 的极限传输容量；

　　　P_d——当前运行条件下线路 d 的实测潮流大小；

　　　k、c——形状系数；

　　　n——变化速率系数，根据实际运行情况的模拟确定；

　　　T_d——线路 d 的动作时限。

线路运行可靠性模型的详细介绍可参考关于元件运行可靠性的相关文献中"定时限线路停运率模型"的介绍，本书不再赘述。在该线路运行可靠性模型（线路停运率模型）中，当线路负荷小于额定值时，线路发生停运的概率很小，取为历史统计平均值；当线路负荷超过传输容量约束时，保护装置动作切除线路，根据动作时限，线路的停运率大小为 $1/T_d$；而当系统运行状态异常，线路处于过负荷状态时，系统中任何一个线路停运，都会导致系统负荷重新分配，这些重新分配的负荷会叠加到剩余的线路中，增加了线路传输负担，使线路停运率增加。处于过负荷状态的线路越接近极限传输容量，越容易引发过负荷保护动作切除线路，增加线路停运率。线路运行可靠性模型（线路停运率模型）曲线如图 4-4 所示。

(2) 考虑运行可靠性的改进 HITS 算法流程。通过线路的运行可靠性模型可知，虽然受端主网架的拓扑结构已固定不变，但系统运行过程中，随着线路潮流水平的变化，线路的故障风险会呈现出不同趋势，即线路故障风险随着负载大小将发生变化。在基于故障潮流相关矩阵的改进 HITS 算法中，已评估出主网架中权威级别、枢纽级别较高的线路，但这些线路在实际受端主网架中的故障风险却实时变化，这就可能出现以下现象：

虽然有些节点在评估时权威级别较高，但实际所承担的潮流传输水平较低，且线路本身可靠性水平较高，故不易发生故障，并不应成为严格意义上的薄弱线路；相反，有些线路的权威级别、枢纽级别相对较低，但由于实际所承担的潮流传输水平较高，且线路可靠性水平较差，应该得到技术人员的重视。

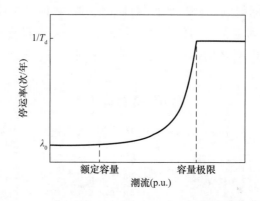

图 4-4　线路运行可靠性模型（线路停运率模型）

因此，在基于故障潮流相关矩阵的改进 HITS 算法的基础上，通过线路的运行可靠性模型，考虑线路开断随负荷水平变化的影响，对迭代结束后得到的各线路的权威值与枢纽值结果，进行运行可靠性的加权，形成考虑运行可靠性的改进 HITS 算法。

在受端主网架的运行过程中，短时间内不考虑元件的修复过程，线路 i 的实时可靠度可通过式（4-13）计算，即：

$$R_i(T) = \mathrm{e}^{-T \cdot \lambda(i)} \tag{4-13}$$

式（4-13）表征了某线路的运行可靠性随着运行时间的推进而逐渐降低的过程。其中，$R_i(T)$ 表示线路 i 的实施可靠度，线路 i 的停运率 $\lambda(i)$ 可通过式（4-12）计算，与该线路在 T 时刻承担的负荷水平有关。这里指出，T 的考察范围应根据实际情况确定，可以是几天、几个月，也可以是几年、甚至几十年。

考虑运行可靠性的线路权威值与枢纽值，可通过式（4-14）、式（4-15）计算得到：

$$x_i^{(w)} = \frac{x_i}{R_i(T)} \tag{4-14}$$

$$y_i^{(w)} = \frac{y_i}{R_i(T)} \tag{4-15}$$

式中　$x_i^{(w)}$——考虑运行可靠性后线路 i 的权威值；

　　　$y_i^{(w)}$——考虑运行可靠性后线路 i 的枢纽值；

　　　x_i——基于故障潮流相关矩阵计算得到的线路 i 的权威值；

　　　y_i——基于故障潮流相关矩阵计算得到的线路 i 的枢纽值。

即 4.1.3.1 中介绍的方法。因此，考虑运行可靠性的改进 HITS 算法的流程如图 4-5 所示。

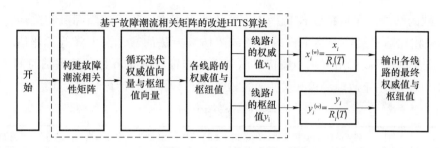

图 4-5　考虑运行可靠性的改进 HITS 算法流程

4.1.4　算例分析

（1）**算例 1**——基于故障潮流相关矩阵的改进 HITS 算法。通过基于故障潮流相关矩阵的改进 HITS 算法，对某省级受端主网架的 500kV 网架进行薄弱线路评估，并对评估结果进行系统分析。该受端主网架中，500kV 网架包含母线 64 条，支路 109 条，系统装机容量为 41180MW，最大负荷为 30205MW。为验证得到的权威值和枢纽值排序结果的有效性，与连锁故障仿真求解的线路权威值和枢纽值结果进行对比，连锁故障仿真方法采用蒙特卡洛采样，即分别设置 109 条线路中的一条作为初始故障，通过对每种情况进行 10000 次仿真，由此得到权威值和枢纽值的排序结果。从结果的一致性和评估时间两个方面，对比两种方法（基于故障潮流相关矩阵的改进 HITS 算法、基于蒙特卡洛采样的连锁故障仿真方法）得到的评估结果。

两种方法得到的线路权威值评估结果和线路枢纽值评估结果的差异如图 4-6 和图 4-7 所示。无论权威值还是枢纽值两者在排名前 40 位中有较好的一致性，排名 40 位之后的线路排序存在一定误差。然而，薄弱线路辨识中需要关注的正是排名高的线路因此，基于故障潮流相关矩阵的改进 HITS 算法计算得到的权威值与枢纽值排序具有与连锁故障模

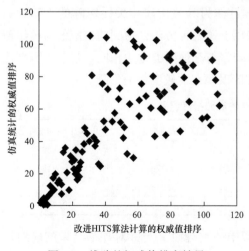

图 4-6　线路的权威值排序结果

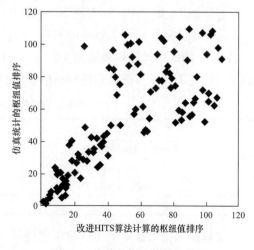

图 4-7　线路的枢纽值排序结果

拟几乎一致的结论，评估精度较高。从计算效率上来看，基于故障潮流相关矩阵的改进 HITS 算法相比基于蒙特卡洛采样的连锁故障仿真方法而言，大大降低了评估时间，见表 4-1。从表 4-1 可以看出，基于蒙特卡洛采样的连锁故障仿真方法的评估时间为 4.84h（17493.25s），而基于故障潮流相关矩阵的改进 HITS 算法其计算时间为 10.36s。

表 4-1　　　　　　　　　　　　　评估时间对比比较

项目	基于故障潮流相关矩阵的改进 HITS 算法	基于蒙特卡洛采样的连锁故障仿真方法
时间（s）	10.36	17493.25

为了便于与其他改进的薄弱线路评估方法进行对比，下面定义权威值和枢纽值排序的误差为：

$$e_{\text{auth}} = \frac{\sum\limits_{i=1}^{D} \dfrac{|\hat{R}_{\text{auth}}(i) - R_{\text{auth}}(i)|}{R_{\text{auth}}(i)}}{D} \tag{4-16}$$

$$e_{\text{hub}} = \frac{\sum\limits_{i=1}^{D} \dfrac{|\hat{R}_{\text{hub}}(i) - R_{\text{hub}}(i)|}{R_{\text{hub}}(i)}}{D} \tag{4-17}$$

式中　e_{auth}——权威值排序误差；

　　　e_{hub}——枢纽值排序误差；

　　　$\hat{R}_{\text{auth}}(i)$——利用脆弱性指标得到的线路 i 的权威值排名；

　　　$\hat{R}_{\text{hub}}(i)$——利用脆弱性指标得到的线路 i 的枢纽值排名；

　　　$R_{\text{auth}}(i)$——基于蒙特卡洛采样的连锁故障仿真方法得到的线路 i 的权威值排名；

　　　$R_{\text{hub}}(i)$——基于蒙特卡洛采样的连锁故障仿真方法得到的线路 i 的枢纽值排名；

　　　D——统计的线路总数。

利用脆弱性指标得到的线路 i 的权威值排名和枢纽值排名，是通过以下几个方法得到的：①PageRank 方法；②改进 K 核法；③以容量作为基值构建相关性矩阵的 HITS 算法；④基于故障潮流相关矩阵的 HITS 算法。采用上述四种方法，得到的权威值与枢纽值排名前 40 的线路排序误差见表 4-2。由表 4-2 可知，与其他同类方法相比，基于故障潮流相关矩阵的 HITS 算法得到的权威值和枢纽值排序误差有比较明显的下降。

表 4-2　　　　　　　　权威值和枢纽值排名前 40 的线路排序误差

方　法	权威值排序误差	枢纽值排序误差
基于故障潮流相关矩阵的 HITS 算法	0.380	0.322
PageRank 法	0.776	0.945
容量基值 HITS 算法	5.236	4.540
改进 K 核法	2.241	2.664

这里特别指出权威值和枢纽值在受端主网架中的物理意义与针对评估结果的应对措施。利用权威值和枢纽值，可以将线路分为 4 类。

1) 第Ⅰ类线路（权威值高、枢纽值高的线路）。第Ⅰ类线路容易影响其他设备，也容易受其他设备影响，是事故扩大的关键环节，需要针对其强相关的集合建立整体的事故预防措施。

2) 第Ⅱ类线路（权威值高、枢纽值低的线路）。第Ⅱ类线路容易影响其他设备，但不容易受其他设备影响，需要注意保证其自身的可靠性。

3) 第Ⅲ类线路（权威值低、枢纽值高的线路）。第Ⅲ类线路不容易影响其他设备，但容易受其他设备影响，需要准备合适的应急预案，以避免被其他设备故障所波及。

4) 第Ⅳ类线路（权威值低、枢纽值低的线路）。第Ⅳ类线路不容易影响其他设备，也不容易被其他设备影响，这类线路不需要特别关注。

从结果来看，前三类线路中除了包含传统意义上的承担大量潮流的线路和省间、市间联络线外，还包含了部分潮流较轻的线路。这类线路的重要性在通常的 $N-1$ 分析中难以发现。这也从另一个方面说明了，本节提出基于故障潮流相关矩阵的 HITS 算法求解权威值和枢纽值进而得到薄弱线路评估结果的方法，具有科学性和实用性。

（2）**算例 2**——考虑运行可靠性的改进 HITS 算法。为验证考虑运行可靠性的改进 HITS 算法，采用 IEEE 发输电可靠性测试系统——RTS79 测试系统（如图 4-8 所示），对薄弱线路进行评估并对比分析其影响。该系统包含母线 24 条、支路 38 条，系统装机容量为 3405MW，最大负荷为 2850MW。

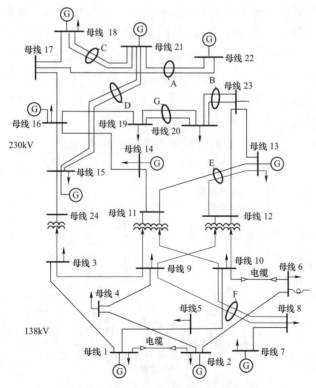

图 4-8 RTS79 测试系统示意图

各线路的权威值可靠性加权后的评估结果如图 4-9 所示。

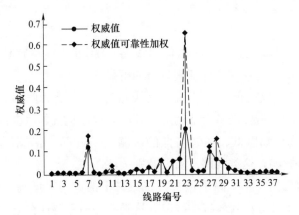

图 4-9　考虑运行可靠性的权威值分布

在基于故障潮流相关矩阵的改进 HITS 算法得到的评估结果中，通过权威值定位得到系统中的薄弱线路为线路 23、线路 7、线路 27、线路 22、线路 28，这些线路是 RTS79 系统中的区域联络线。由于 RTS79 系统中电源主要集中在上侧，而负荷主要集中在下侧，这些区域联络线是重要的功率输送通道，系统中任何元件发生故障时，均会造成系统潮流转移，其中，这些区域联络线受到的影响最大，因此是系统的薄弱线路。

在考虑运行可靠性的改进 HITS 算法得到的评估结果中，由于线路 23 的负载水平较高且线路原始的可靠性水平较差，在考虑运行可靠性水平后，线路故障风险较高，线路 23 的权威性被加强。类似地，线路 7 与线路 28 的权威性得到进一步增强，分别位于第二、第三。与此同时，线路 11 由于负载水平较高，在当前的运行条件下，线路运行可靠性水平较低，易发生故障，虽然在结构上未表现出明显的权威性，但在权威值的可靠性加权结果中，权威性得到增强，位于第九位。

各线路的枢纽值可靠性加权后的评估结果如图 4-10 所示。

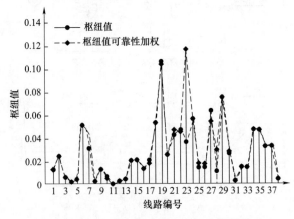

图 4-10　考虑运行可靠性的权威值分布

在基于故障潮流相关矩阵的改进 HITS 算法得到的评估结果中，通过枢纽值定位得到系统薄弱线路为线路 19、线路 29、线路 24、线路 27、线路 18。与权威值分析类似，这些线路是 RTS79 系统中的区域联络线，故障后会造成系统潮流转移，对系统造成的故障影响较大，因此是系统的薄弱线路。

在考虑运行可靠性的改进 HITS 算法得到的评估结果中，在考虑线路的运行可靠性水平后，由于线路 23 的负载水平较高，且线路原始的可靠性水平较差，线路故障风险较高，线路 23 的枢纽性被加强，成为最应该得到注意的薄弱线路。

综合分析评估结果可知，RTS79 系统在当前的潮流水平下，线路 23 为系统的最为薄弱的线路，线路故障风险及其故障后对余下系统造成的损失最大，应得到进一步的升级改造，这与可靠性加权后的评估结果一致。然而，在没有考虑运行可靠性加权的评估结果中，线路 23 虽然是薄弱线路之一，其枢纽值评估结果并未识别出线路 23 为最薄弱线路，可见没有考虑运行可靠性加权的评估结果是相对偏乐观的。

4.2　受端主网架薄弱节点评估技术

4.2.1　技术原理

随着电力系统中电压失稳事故的增加，电压稳定研究引起了国内外学者和技术人员的普遍关注，尤其作为受端主网架而言，其电源结构和电网结构的变化，使得其电压稳定问题尤为凸显。受端主网架中，母线节点的薄弱性主要体现在电压薄弱方面。作为发展较为成熟的方面，静态分析方法在当前实际系统的电压稳定分析中得到了广泛应用，静态电压稳定也是判断薄弱节点的主要方式。静态电压稳定分析通常通过求取一些指标（静态电压稳定指标），实现对受端主网架中某运行状态节点稳定水平的评估，即评估辨识系统中薄弱节点。本节中，受端主网架薄弱节点正是基于静态电压稳定指标进行评估，即构建表征节点薄弱性的电压指标，并计算各母线节点的该指标值，通过静态电压稳定的指标值大小，确定受端主网架中的薄弱节点。目前，主要的静态电压稳定指标有裕度指标、灵敏度指标等；其中，有功裕度指标和无功-电压灵敏度指标由于物理意义明确、容易求解等原因在工程上较为常用。

考虑到单个指标的片面性和局限性，新的工程技术尝试形成综合指标来实现对薄弱节点的更加准确辨识。基于上述两种指标，本节通过理想点法对工程上常用的有功裕度指标 K_P 和电压-无功灵敏度指标 dU_L/dQ_L 进行综合，构建一种可判别系统薄弱母线节点的综合电压稳定指标，并详细说明了符合功率增长方式的权重分配方法。可判别系统薄弱母线节点的综合电压稳定指标，综合考虑了有功因素和无功因素，属于静态电压稳定指标范畴，表征的是静态电压薄弱节点的指标。受端主网架薄弱节点评估技术的基本原理如图 4-11 所示。

图 4-11　受端主网架薄弱节点评估技术原理

4.2.2　基于综合电压稳定指标的薄弱节点评估方法

基于综合电压稳定的受端主网架薄弱节点评估技术的基本思路是，通过计算受端主网架中各母线节点的综合电压稳定指标，以静态分析思路确定主网架中的薄弱节点。因此，基于综合电压稳定指标的薄弱节点评估方法的核心在于综合电压稳定指标的构建与计算。

4.2.2.1　综合电压稳定指标

综合电压稳定指标，也可成为静态电压稳定指标，由有功裕度指标和电压-无功灵敏度指标进行综合得到，首先进行有功裕度指标和电压-无功灵敏度指标的计算，然后对两个指标进行预处理，最后通过理想点法计算得到综合电压稳定指标。

（1）有功裕度指标。P-V 曲线法是静态电压稳定分析的常规工具，根据 P-V 曲线可获得有功负荷电压稳定极限、有功负荷电压稳定裕度、有功储备系数等多种指标。其中，有功储备系数 K_P 是《电力系统安全稳定导则》（GB 38755—2019）中指定的有功功率裕度指标，能够给出系统目前运行状态下稳定储备的量化评价，为运行和规划人员提供重要的参考依据，有功功率裕度指标计算如式（4-18）所示。因此，这一指标被用来形成本节所提出的综合电压稳定指标。一般来说，有功功率裕度指标 K_P 值越小，母线越薄弱。

$$K_P = \frac{P_{cr} - P_0}{P_0} \times 100\% \tag{4-18}$$

式中　P_0——静态程序极限值；

　　　R_{cr}——正常传输功率。

（2）电压-无功灵敏度指标。灵敏度分析是基于潮流方程、应用某些物理量微分变化关系并实现系统稳定性研究的一种方法，这种方法不仅能够判别系统是否电压稳定，而且可以给出系统的薄弱母线节点，因此获得了广泛应用。考虑到受端主网架中节点电压与无功功率的强相关性以及 BPA 潮流程序的节点灵敏度求解功能，选取电压-无功灵敏度指标 dU_L/dQ_L 作为综合电压稳定指标的另一评价指标：单独在每个母线上加入 1Mvar 的并联无功负荷扰动，根据扰动前后母线的电压变化情况，可以求得各母线的 dU_L/dQ_L 值；将各母线 dU_L/dQ_L 的绝对值从大到小进行排列。一般来说，电压-无功灵敏度指标 dU_L/dQ_L 值越大，母线越薄弱。

（3）指标预处理。设系统中有 m 条母线，由上述两种指标，可形成母线节点的指标评价矩阵，如式（4-19）所示。

$$\boldsymbol{X} = (x_{ij})_{m \times 2} = \begin{bmatrix} x_{11} & x_{21} & \cdots & x_{m1} \\ x_{12} & x_{22} & \cdots & x_{m2} \end{bmatrix}^{\mathrm{T}} \tag{4-19}$$

式中　x_{i1}——有功功率裕度指标 $K_P\%$；

x_{i2}——电压-无功功率灵敏度指标 dU_L/dQ_L。

如前所述，单独使用有功功率裕度指标判别系统薄弱母线时，指标值越小表示母线越薄弱；而单独使用电压-无功功率灵敏度指标进行判别时，指标值越大表示母线越薄弱。为了使这 2 种指标对母线薄弱程度的表征相统一，首先进行一致化处理。对各母线的有功功率裕度指标取倒数，得到新的母线指标评价矩阵，如式（4-20）所示。

$$\boldsymbol{X}' = (x_{ij}')_{m\times 2} = \begin{bmatrix} x_{11}' & x_{21}' & \cdots & x_{m1}' \\ x_{12}' & x_{22}' & \cdots & x_{m2}' \end{bmatrix}^{\mathrm{T}} \tag{4-20}$$

其中，$x_{i1}'=1/x_{i1}$，$x_{i2}'=x_{i2}$，$i=1,2,\cdots,m$。此时，指标值 x_{ij}' 越大表示母线越薄弱。

为了消除指标数量级不同带来的影响，使用式（4-21）的标准化方法对指标进行再次处理：

$$x_{ij}^* = \frac{x_{ij}'-\bar{x}_j}{s_j} \quad (i=1,2,\cdots,m)(j=1,2) \tag{4-21}$$

式中　$\bar{x}_j$——第 j 项指标观测值的样本平均值，可通过式（4-22）计算；

s_j——第 j 项指标观测值的样本均方差，可通过式（4-23）计算；

x_{ij}^*——标准观测值。

$$\bar{x}_j = \sum_{i=1}^m x_{ij}' \tag{4-22}$$

$$s_j = \sqrt{\sum_{i=1}^m (x_{ij}'-\bar{x}_j)^2/(m-1)} \tag{4-23}$$

通过上述处理后，通过标准观测值可得到标准化的节点指标评价矩阵 $\boldsymbol{X}^* = (x_{ij}^*)_{m\times 2}$，其中 x_{ij}^* 值越大表示母线越薄弱。

（4）综合电压稳定指标。基于理想点法，将上述两种指标进行综合，并采用符合前述功率增长方式的权重系数，构建综合电压稳定指标，评估薄弱节点。其中，指标的综合通过理想点法实现。

理想点法是一种比较常用的综合评价方法，其能够实现对被评价对象的客观、公正、合理评价。假设使用 n 项指标来评价对象，其中第 i 个被评价对象的各项指标值为 $\boldsymbol{Y}_i = [y_{i1},y_{i2},\cdots,y_{in}]$，则系统的理想点可以定义为由每项评价指标的最优值 $\hat{y}_j(j=1,2,\cdots,n)$ 构成的向量 $\hat{\boldsymbol{Y}}=[\hat{y}_1,\hat{y}_2,\cdots,\hat{y}_n]$。这样，第 i 个被评价对象在所有对象中的优劣程度可以由 $\boldsymbol{Y}_i$ 和理想点 $\hat{\boldsymbol{Y}}$ 之间的加权距离进行评定。一般采用欧式距离，即

$$d_i = \|\boldsymbol{Y}_i-\hat{\boldsymbol{Y}}\| = \sum_{j=1}^n \omega_j(y_{ij}-\hat{y}_j)^2 \tag{4-24}$$

式中　d_i——第 i 个被评价对象的指标向量到理想点的欧式距离；

ω_j——第 j 项评价指标的权重系数，且 $\sum\limits_{j=1}^n \omega_j = 1$；

y_{ij}——第 i 个被评价对象的第 j 项指标计算值；

$\hat{y}_j$——第 j 项评价指标的理想点。

本节提出的综合电压稳定指标，采用有功功率裕度指标和电压-无功功率灵敏度指标对各节点进行评价，即两种指标 $n=2$；继续按照有功功率裕度指标 $K_P\%$ 和电压-无功功率灵敏度指标 dU_L/dQ_L 分别用 x_{i1}、x_{i2} 来表示；预处理后的指标 x_{ij}^* 值越大，表示母线越薄弱，故各指标的最优值分别为所有母线该项指标值中的最小值 $\min\limits_{i=1}^{m}x_{i1}^*$、$\min\limits_{i=1}^{m}x_{i2}^*$。基于这些考虑，根据式（4.21）计算得到的 x_{ij}^* 定义第 i 条母线的综合电压稳定指标为：

$$d_i = \sum_{j=1}^{2}\omega_j\left(x_{ij}^* - \min_{i=1}^{m}x_{ij}^*\right)^2 \quad (i=1,2,\cdots,n) \tag{4-25}$$

式中　m——母线总数；

　　W_j——第 j 项评价指标的权重系数。

4.2.2.2　薄弱节点评估方法

（1）评估流程。以综合电压稳定指标为核心，基于综合电压稳定的受端主网架薄弱节点的评估流程如图 4-12 所示。

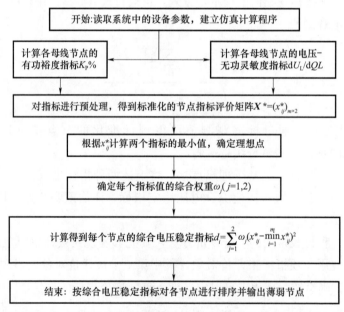

图 4-12　基于综合电压稳定的受端主网架薄弱节点评估流程

从图中可见，基于综合电压稳定的受端主网架薄弱节点评估流程主要包括四个步骤：①计算各母线节点的有功裕度指标和电压-无功功率灵敏度指标；②对有功功率裕度指标和电压-无功功率灵敏度指进行预处理，可根据式（4-20）～式（4-23）进行；③确定有功功率裕度指标的权重 ω_1 和电压-无功功率灵敏度指标的权重 ω_2；④通过式（4-25）计算各母线节点的综合电压稳定指标。因此，除了基础指标（有功功率裕度指标、电压-无功功率灵敏度指标）的计算与预处理外，流程中还需重点确定在进行两个指标综合时的指标权重。

（2）指标权重的确定。对于指标权重系数 ω_j，可根据实际情况进行确定。对于综合电压稳定指标的权重系数，应充分考虑各母线节点功率增长时的功率因数，ω_j 需因节点而异。由式（4-25）可知，第 i 个母线节点的综合电压稳定指标计算时所需的指标权重系数有两个，分别为有功功率裕度指标的权重 ω_1 和电压-无功功率灵敏度指标的权重 ω_2，其计算公式如下。

$$\begin{cases} \omega_{i1} = \dfrac{\cos\varphi_i}{\sin\varphi_i + \cos\varphi_i} \\[3mm] \omega_{i2} = \dfrac{\sin\varphi_i}{\sin\varphi_i + \cos\varphi_i} \end{cases} \tag{4-26}$$

式中　φ_i——母线节点 i 的功率因数角。

4.2.2.3　算例分析

以某省级实际受端主网架为评估对象，计算该受端主网架中各 500kV 母线节点的三种薄弱指标，即有功功率裕度指标、电压率-无功功率灵敏度指标和综合电压稳定指标，验证了综合电压稳定指标的实用性和有效性。该受端主网架中，规划到"十三五"末，共有 24 个 500kV 母线节点，各节点的有功功率裕度指标、电压-无功功率灵敏度指标和综合电压稳定指标的计算结果对比，见表 4-3。

表 4-3　　　　有功功率裕度指标、电压-无功功率灵敏度指标和综合
电压稳定指标的计算结果对比

节点名	有功功率裕度指标	电压-无功功率灵敏度指标	综合电压稳定指标
母线节点 1	0.2252	0.0028	19.1712
母线节点 2	0.3578	0.0042	7.411
母线节点 3	0.3643	0.0042	7.1349
母线节点 4	0.3687	0.0029	6.1315
母线节点 5	0.3767	0.0051	7.5827
母线节点 6	0.419	0.0025	4.3441
母线节点 7	0.4267	0.0042	5.1283
母线节点 8	0.467	0.0025	3.3058
母线节点 9	0.4764	0.002	3.0566
母线节点 10	0.4795	0.0021	3.001
母线节点 11	0.5135	0.0032	2.8436
母线节点 12	0.5164	0.0021	2.4555
母线节点 13	0.5411	0.0049	3.9374
母线节点 14	0.5743	0.0026	1.9343
母线节点 15	0.5799	0.0027	1.9099
母线节点 16	0.5988	0.0019	1.6117
母线节点 17	0.6097	0.0024	1.591
母线节点 18	0.6847	0.0019	1.0734
母线节点 19	0.8088	0.0025	0.706

节点名	有功功率裕度指标	电压-无功功率灵敏度指标	综合电压稳定指标
母线节点 20	0.8132	0.0023	0.6489
母线节点 21	0.9521	0.0022	0.3631
母线节点 22	0.9758	0.0018	0.3021
母线节点 23	1.1458	0.0027	0.2947
母线节点 24	1.8801	0.003	0.2617

从表 4-3 中可以看出，该受端主网架各 500kV 母线节点的电压-无功功率灵敏度指标值均大于 0，说明该运行方式下系统是电压稳定的；然而，有功功率裕度指标和电压-无功功率灵敏度指标所给出的母线薄弱程序排序存在一定差异，无法对系统电压稳定的薄弱母线做出准确辨识。利用构建的综合电压稳定指标，计算得到该受端主网架各 500kV 母线节点的综合电压稳定指标；综合电压稳定指标排序靠前的母线节点，即是系统中电压稳定的相对薄弱节点，由这些节点构成的区域就是网架的薄弱区域。对比可知：综合电压稳定指标能够同时考虑有功功率裕度指标与电压-无功功率灵敏度指标的影响，对薄弱母线的识别更加合理、准确。

第5章 受端主网架的电网规划技术

电网规划是受端主网架各业务的最前端环节，对科学指导电网发展、优化电网运行状态、消除受端主网架运行风险等，具有重大意义。受端主网架的电网规划技术，应与受端主网架的特点相适应，在满足负荷增长需求的基础上，支撑大规模电力受入，实现降低停电风险、避免负荷损失、优化运行效益等目标。按照工程领域和科学研究领域进行划分，受端主网架的电网规划技术包括三类。

（1）工程技术领域的受端主网架规划技术。这类技术以人工规划为主，简单快速，但易受主观影响，科学性较差。

（2）科学研究领域的受端主网架规划技术。这类技术基于教学模型规划方案，科学性强但计算复杂度较高，实际工程中的实用性较差。

（3）受端主网架的实用规划技术。这类技术结合工程技术领域的人工规划方式和科学研究领域的客观模型进行求解，得到最终的规划方案。

在上述三类受端主网架规划技术中，工程技术领域的电网规划技术易操作性高但科学性差，而科学研究领域的电网规划技术则科学性强但易操作性差，而将实用化规划技术则对各自特点进行了折中，兼顾了科学性和易操作性，在实际工程中的实用性较强。综合来看，工程技术领域中，目前仍以第一类技术的人工规划思路为主，但随着第三类实用化规划技术的推进，该类技术将成为电网规划新思路。本章以实际工程技术人员的规划技术未来需求为导向，在第一节对受端主网架的电网规划进行概述后，对第一类规划技术和第三类规划技术进行详细介绍，即分为两节分别介绍工程技术领域的受端主网架规划技术和受端主网架实用规划技术。

5.1 受端主网架的电网规划概述

5.1.1 受端主网架的特点与规划原则

5.1.1.1 受端主网架的主要特点

（1）区外受电特征越加明显。对于受端主网架而言，满足经济发展所需的电力供应与本区域的能源状况之间始终存在矛盾，该矛盾也决定了其区外受电比例将逐年增加，这将对受端主网架产生较大冲击。网内大型电源、无功补偿设备等，对提高电网安全水平、防止重大事故等具有重要意义。

（2）处于负荷中心位置。受端主网架位于中部地区或东部地区，是我国的负荷中心所在。整体来说，受端主网架所处的位置可分为两类：①当前具有较大负荷基数和电力需求的区域，这类区域的负荷密度较大，例如，江苏、浙江、山东等省份的受端电网，与外部电网的联系紧密；②具有一定负荷基数且未来具有较大负荷增长空间的区域，例如河北、河南、湖北等省份的受端电网，部分处于大气污染治理区域，网内电源不足，区外电力受入需求较大。

（3）与区外电网联系紧密且网内结构日益复杂。造成受端主网架跨区联络线较多的根本原因是区外电力的受入。未来，点对网和点对点的跨区联络线路日益增加，其中网对网的联络线主要以 500kV 线路为主。受端主网架的网内结构复杂的根本原因是网内负荷密集、负荷需求大导致网络结构错综复杂。

（4）短路电流水平较高。由于受端主网架与区外电网联系紧密且网内结构日益复杂，加之网内电源或区外电力落点密集，造成受端主网架的短路电流水平持续增加。500/220kV 的电磁环网导致短路电流水平上升较快，未来逐步打开 500/220kV 电磁环网，220kV 电网实现分区运行，受端主网架的短路电流将得到有效控制。

（5）可再生能源对主网架规划影响日益增强。通常情况下，可再生能源直接接入配电网，其规划与运行对主网架的影响较小。然而，随着近年来可再生能源战略的推进，受端主网架的可再生能源比例日益增加，特别对于大规模的风电机组（风力发电机组）、气电机组（燃气发电机组）等，接入电网的电压等级较高，对主网架的影响已不可忽略。

5.1.1.2 受端主网架的规划原则

（1）全面统筹适应、全方位协调衔接，提升规划效益。

1）受端主网架规划应符合国家和地方的总体能源发展战略，以国家能源电力总体发展规划和地区经济社会发展规划为基础，以满足地区电力需求的基本目标，提高规划区域内的供电能力，构筑 220kV 及以上受端主网架，确保电力受得进、落得下。

2）受端主网架规划应统筹兼顾，做好本远期之间、各电压等级之间的规划衔接。远近结合，以远期规划指导近期规划、以近期规划适应远期发展，提高电网规划建设方案的针对性和目的性，受端主网架规划应加强不同电压等级电网的纵向支持能力，适应上级特高压电网规划，并指导下级配电网电网规划，形成从特高压到主网架、再到配电网的协调统一。

3）受端主网架规划应充分利用电网存量资源，准确把握"适度超前"的规划建设原则，合理规划项目建设时序，使建设规模和负荷需求、经济增长等相匹配，保障规划项目的必要性，提高投资效益。

（2）提高供电能力，优化网架结构，保障电网安全稳定。

1）受端主网架的电网规划应与传统主网架规划一致，坚持以电力负荷需求为导向，保障电力持续供应，规划规模应与负荷需求相适应，提升电源的接纳能力和负荷的供应能力。

2）受端主网架规划应加强完善骨干 500kV 网架结构，满足特高压电力受入需要和网内负荷需求，适时断开部分断面的 220kV 电网联系，解列 500/220kV 电磁环网，逐步实现 220kV 电网分区供电，同时各供电分区之间留有必要的 220kV 联络通道。

3）受端主网架规划应增强抵御重大灾害和事故能力，不仅满足于常规的"$N-1$"甚至"$N-1-1$"校验，还应具有较强的抵御重大灾害和特大事故能力，在电网规划中应考虑到局部地区失去大量电源、甚至网络瘫痪后对于保证负荷的供电方案。

4）合理控制短路电流水平，适时解开 500/220kV 电磁环网、断开部分潮流较轻线路、将部分负荷站分列运行、打开 500kV 站 220kV 母线分段、短路电流水平偏高地区选用高阻抗变压器等，采取多种措施应对短路电流升高，为生产运行留有裕度。一般情况下，500kV 短路电流水平按照 63kA 控制，220kV 电网短路电流水平按照 50kA 控制。

（3）适应受端主网架特征，制定合理的规划目标。

1）受端主网架规划的目标应满足传统电网规划的目标，满足负荷增长需求，提高供电能力，优化网架结构，在保障合理的容载比、"$N-1$"校验达标、短路电流不超标等基础上，选择技术经济最优的方案作为目标方案。

2）受端主网架规划的目标应适应受端主网架的特征，在电源结构和电网结构发生较大变化的特征下，保障受端主网架的安全稳定和规划合理性。安全稳定事故的最终影响是负荷丢失，而规划合理性的直接表现则是电网的高效运行。因此，制定的规划目标应包括两个方面：①应将停电风险降低作为受端主网架的规划目标之一；②应将优化电网正常运行效益也作为受端主网架的规划目标。

5.1.2 受端主网架规划技术的需求类型

受端主网架规划技术的类型与规划业务的类型是一致的，根据受端主网架规划业务类型的不同划分维度，受端主网架规划技术有着不同的分类。

按照规划对象的不同，受端主网架规划技术可分为电源规划技术和网架规划技术，必要时还涵盖负荷预测技术。

按照电压等级的不同，受端主网架规划技术可分为 500kV 电网规划技术、220kV 电网规划技术和特高压落点规划技术。

按照规划阶段的不同，受端主网架规划技术可分为整体规划技术和拓展规划技术。前者是针对没有电力设施区域而进行的系统整体规划；后者则是根据发展需求对已有受端主网架进行扩大规模的规划。目前，由于受端主网架的建设已具有基础，因而在实际工程中，电网规划技术通常指的是拓展规划技术。

按照规划方法的不同，受端主网架规划技术可分为工程技术领域的规划技术（第Ⅰ类）、科学研究领域的规划技术（第Ⅱ类）、实用规划技术（第Ⅲ类）。该划分方式对应的三类技术方法，直接影响到技术的适用场景，与实际技术人员的技术需求相一致。因此，下面按照该划分方式，对这三类技术分别进行简单介绍。

在工程技术领域（第Ⅰ类），受端主网架规划通常采用人工规划方式，以电力需求预测为边界条件，以容载比测算和电力平衡分析为规划方案制定的主要工具，以电气分析计算为主要校验方式，以技术经济比选确定最终规划方案。详细的受端主网架规划流程将在5.2节中进行介绍。这类方法得到的规划结果易受主观因素影响；然而该类方法中的电气分析计算、电力平衡分析、容载比测算、客观建设条件分析等步骤，能够使得规划方案基本满足安全稳定要求，而通过技术经济比选等步骤，使得规划方案具有一定的经济性。因此这类规划技术是基本满足实际工程要求的，且这类方法简单易行，在工程技术领域已具有广泛应用基础。目前，这类方法是工程技术领域相关技术人员最常用的受端主网架规划方法。

在科学研究领域（第Ⅱ类），受端主网架规划通常基于数学模型的方式进行，即建立规划模型并进行求解以获取最终规划方案。显而易见，该方式的核心在于数学模型的建立。根据受端主网架的具体规划背景，建立涵盖经济性、安全性、可靠性等多个维度的规划目标体系和约束条件体系，可构建适应规划背景的受端主网架规划模型。这类规划虽然客观性强且可得到科学的规划方案，但这类技术目前尚不成熟，应用方式不统一且应用复杂，规划模型建立时所需参数较多，对专业技术人员的要求也较高，因此，这类技术是未来在受端主网架规划理论研究方面的重点，但并不是实际工程技术人员关注的重点。

在实用规划技术方面（第Ⅲ类），受端主网架的实用规划技术结合了工程技术领域的人工规划流程，并在各规划流程中借鉴科学研究领域的客观分析的思路，保证规划方案同时具有科学性和易操作性。由于受端主网架中电源结构和电网结构所出现的新特点，导致其对规划技术的要求日益增加，特别对于规划方案的客观性和科学性提出了新要求。因此，这类技术是未来受端主网架规划技术的重点应用方向之一。由于在人工规划模式基础上引入客观方法，因此该类规划技术应用简单。

综上所述，对实际工程技术人员而言，在未来受端主网架的电网规划技术中，第Ⅰ类规划技术（工程技术领域的受端主网架规划技术）和第Ⅲ类规划技术（受端主网架的实用规划技术），是主要的技术需求类型，本章将分别在5.2节和5.3节进行介绍。

受端主网架的实用规划技术应根据受端主网架规划的目标进行研究。受端主网架规划目标主要在于，一是满足负荷供应的需求并保证基本结构的可靠性；二是减小连锁故障的发生，降低停电风险和负荷损失；三是降低输电和发电成本，提高电网设备利用率，优化电网运行效益。

针对于以上所述的受端主网架规划目标，分析得出受端主网架的实用规划技术还具有以下两个方面的需求：①降低停电风险的受端主网架实用规划技术；②提高运行效益的受端主网架实用规划技术。这里指出，这两类技术需求在技术流程上具有一致性，只是考虑的目标指标存在差异，一般情况下，应同时考虑这两个需求，即将降低停电风险和提升运行效益，同时作为受端主网架实用规划技术的目标。

5.2 工程技术领域的受端主网架规划

5.2.1 规划流程

在工程技术领域中，受端主网架规划通常以反复测算容载比和电气分析计算为核心，结合人工经验、建设可行性、容载比要求、电网运行约束、技术经济比选等，制定最终规划方案。工程技术领域的受端主网架规划流程如图5-1所示。

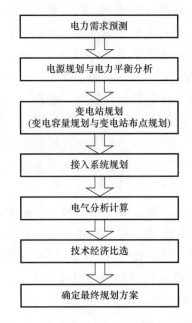

图5-1 工程技术领域的受端主网架规划流程图

从图5-1中可见，受端主网架的规划流程包括电力需求预测、电源规划（含区外电力受入）与电力平衡分析、变电站规划（变电容量规划与变电站布点规划）、接入系统规划、电气分析计算、技术经济比选、确定最终规划方案7个步骤。其中，电力需求预测、电力平衡分析、变电容量规划、电气分析计算等步骤，均借助相关的客观工具进行辅助分析，最终规划方案由技术人员参考技术经济比较结果和人工经验确定。这里特别指出，本节所述的工程技术领域的受端主网架规划流程适用于含有500kV和220kV等所有电压等级的主网架规划对象，主要针对拓展规划而言，且具有一定的通用性，可用于非受端主网架的规划之中。

5.2.2 核心环节

5.2.2.1 电力需求预测

电力需求预测是指在未来规划周期和规划区域范围内，对用户的电力需求情况进行预判，是受端主网架规划的边界条件之一，是电源规划、变电站规划（变电容量规划和变电站布点规划）的基础，是进行接入系统规划和电气分析计算所需的基础数据。

电力需求预测包括负荷预测和电量预测两个方面，前者一般指高峰负荷时刻规划区域的最大供电负荷预测，后者则指规划区域内全年供电量的预测。根据业务需求不同，存在不同口径的负荷与电量。例如，对于整个国民经济层面的业务而言，通常以最大用电负荷预测和全社会用电量作为边界条件，即通过用电口径进行预测；而对于电网公司而言，一般以公司所需供电范围内的最大供电负荷量和所需供电量作为边界条件。

工程技术领域中常用的电力负荷预测方法有三种：①基于国民经济的预测方法，如弹性系数法（GDP增速类比）等；②基于具体用电情况的预测方法，包括分行业/部门预测法、分区域预测法（空间负荷密度预测法）、类比法（如单位人口用电负荷类比）等；③基于历史负荷情况的预测方法，包括一元线性回归法、平均增长率法、趋势外推法、指数平滑法等。这里特别指出，在科学研究领域，还有一种现代负荷预测理论，如灰色数学理论、神经网络方法、专家系统方法等，这类理论虽然具有较强的客观性和科学性，但在实际工程中应用极少。这主要是因为基于现代负荷预测理论的较为复杂，应用难度大，同时所需的输入参数较多，而在实际工程预测中参数难以做到十分精准，导致现代负荷预测理论的预测误差较大。

工程技术领域中常用的电量预测方法也有三种：①基于国民经济的预测方法，包括产业产值用电单耗法、弹性系数法（GDP增速类比）等；②基于具体用电情况的预测方法，包括分行业/部门预测法、分区域预测法（空间负荷密度预测法）、类比法（如单位人口用电量类比）等；③基于最大负荷利用小时数的方法，该方法根据负荷预测情况，通过最大负荷利用小时数的预测结果，确定用电量。

5.2.2.2 电源规划与电力平衡分析

电源规划是指以负荷预测为基础，在未来规划周期和规划区域范围内，对电力供应情况进行规划，是受端主网架规划的第二个边界条件，是变电站规划（变电容量规划和变电站布点规划）的基础，是进行接入系统规划和电气分析计算所需的输入数据。对于受端主网架网而言，电源规划包括两个方面，分别为网内电源规划和区外电力受入规划。目前，网内电源的类型包括传统煤电机组（燃煤发电机组）、气电机组（燃气发电机组）、水电机组（水力发电机组）、核电机组（核能发电机组）和风电/光伏/生物质等新能源发电机组等，而区外电力受入则包括特高压落点电力受入、区外500kV机组电力受入，其中区外500kV机组电力受入的形式包括点对网和网对网两种形式。

电源规划的根本目的是保障受端电力负荷的正常供应，满足电力平衡是电源规划的主要目的。电力平衡分析与电源规划是相辅相成的过程，两者相互影响、密不可分。在实际工程技术中，电源规划是以电力平衡分析结果为依据的。近年来，电源规划受能源政策的影响很大，在电源建设所需相关部门核准的背景下，其建设受限因素较多，因此实际工程中的电源规划，是在反复进行电力平衡测算和规划可行性对比的不断论证中，确定具体规划方案的。对于电源规划而言，由于其建设制约性和主观影响因素较大，工程技术领域很少采用科学研究领域中的建模求解方法。

电源规划的具体流程如图 5-2 所示。从图 5-2 中可见，电力平衡测算是电源规划的核心任务。电力平衡分析主要根据负荷预测情况和初步的电源规划情况（网内电源和区外电力受入）进行测算，若电力供应情况与电力负荷情况基本一致，则满足电力平衡。电力平衡分析通常以表格的形式进行表述，这样便于分析且一目了然。以"十三五"电力规划为例，规划区域的电力平衡分析的参考格式见表 5-1。这里指出，表 5-1 只是针对受端主网架进行电力平衡测算的一种参考格式，具体应用可根据实际情况进行调整，或采用其他格式。

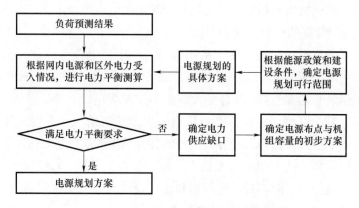

图 5-2　工程技术领域电源规划的具体流程

表 5-1　　　　　　　　　　受端主网架电力平衡分析表（参考格式）

序号	项目	2016 年	2017 年	2018 年	2019 年	2020 年
一	需要工作容量					
1	供电负荷					
2	备用容量					
二	网内机组装机容量					
三	网内机组受阻容量					
四	网内机组工作容量					
五	区外电力受入容量					
1	500kV 区外受电					
2	特高压落点					
六	区外电力受阻容量					
1	500kV 区外受电					
2	特高压落点					
七	区外电力工作容量					
1	500kV 区外受电					
2	特高压落点					
八	装机缺额					

无论网内电源还是区外电力受入，其电力的根本来源都是各类的发电机组。由于不同类型机组在电力负荷高峰时刻的电力供应能力不同（例如大部分可再生能源机组在高峰负荷时刻期出力很低、难以真正实现大量电力供应），在进行电力平衡测算时，要考虑机组装机容量的受阻情况。在网内机组装机容量/区外电力受入容量、网内机组受阻容量/区外电力受阻入容量、网内机组工作容量/区外电力工作容量的计算时，机组需按照煤电、水电、气电、核电、风电、太阳能、生物质、其他可再生能源等进行分类计算。其中，煤电机组包括常规煤电机组、供热煤电机组、小型煤电机组；气电机组包括常规气电机组、供热气电机组，由于小型气电机组较为少见，电力平衡中通常忽略或等值归入小型煤电机组；水电机组包括抽水蓄能机组和常规水电机组。

表 5-1 中，主要数据的计算公式如下：

（1）需要工作的容量＝供电负荷＋备用容量，其中供电负荷为负荷预测的结果，备用容量通常按照供电负荷的 5％、8％、10％、12％、15％等进行旋转备用容量的计算。

（2）网内机组装机容量/区外电力受入容量：按照煤电、水电、气电、核电、风电、太阳能、生物质、其他可再生能源等类型机组的实际装机情况，进行加和计算，即网内机组装机容量/区外电力受入容量为网内/区外的各类机组的装机容量之和。

（3）网内受阻容量，按照煤电、水电、气电、核电、风电、太阳能、生物质、其他可再生能源等类型机组的受阻容量，进行加和计算，即网内机组受阻容量/区外电力受阻容量为网内/区外的各类机组的受阻容量之和。

其中，某类机组的受阻容量由装机容量乘以受阻比例系数进行计算，按照煤电、水电、气电、核电、风电、太阳能、生物质、其他可再生能源等类型的不同，受阻比例系数也不同。

（4）机组工作容量：按照煤电、水电、气电、核电、风电、太阳能、生物质、其他可再生能源等类型机组的工作容量，进行加和计算，即网内机组工作容量/区外电力工作容量为网内/区外的各类机组的工作容量之和。

其中，某类机组的工作容量由装机容量和受阻容量进行计算：（某类机组）工作容量＝（某类机组）装机容量/区外电力受入容量－（某类机组）受阻容量。

（5）装机缺额：即电力平衡分析的结果，计算公式为装机缺额＝需要工作容量－网内机组工作容量－区外电力工作容量。若装机缺额为正，则表示电源供应不足以支撑负荷需求，需加大电源规划建设；反之，说明电源足以支撑负荷需求且存在过剩的电源无法送出，应放缓电源建设；当装机缺额的绝对值接近于 0 时，说明电力平衡效果良好。

从表 5-1 的计算公式可知，确定不同机组的受阻容量是关键，而受阻容量的确定主要通过不同机组的受阻比例系数。机组的受阻比例系数选取原则如下（一般性参考原则，具体应根据实际情况而定）：

（1）常规机组（常规煤电机组、常规气电机组和核电机组）：已投产的常规煤电机组、常规气电机组和核电机组按不受阻（即 0％）计算。

（2）常规水电：已投产的常规水电机组按 90%～100% 容量受阻计算，已投产的抽水蓄能机组按不受阻（即 0%）计算。

（3）供热机组（供热煤电机组和供热气电机组）：受阻应根据不同地区供热时间的不同而进行具体计算，通常情况下，北方地区高峰负荷出现在夏季，可按照其容量的 5%～10% 进行计算。

（4）可再生能源机组：受阻比例系数应根据地区的实际情况进行设置，通常情况下，风电可按 75%～95% 的容量受阻进行计算，太阳能可按 75%～90% 的容量受阻计算，生物质机组按照不受阻进行计算。

（5）小型煤电机组：应按照实际情况进行受阻比例系数的设置，若小型煤电机组可调用性较强且在高峰期间能够完全发挥作用，则可按照不受阻进行。

这里还需说明，对于新投产机组而言，投产当年不能完全发挥作用，可按当年投产装机容量的 50% 计算受阻容量；特别地，若某供热机组为当年新投产的机组，则其受阻容量应在考虑当年受阻的基础上再次考虑供热受阻，例如某当年投产的供热机组容量为 C，则该机组当年的受阻容量为 $C \times 50\% + C \times 50\% \times (5\%～10\%)$。

5.2.2.3 变电站规划（变电站容量规划与变电站布点规划）

变电站规划包括变电站容量规划和变电站布点规划。变电站容量规划和变电站布点规划分别指的是，以负荷预测和电源规划为基础，在未来规划周期和规划区域范围内，对变电站容量和变电站布点进行规划。变电站是电力输送过程中的重要中转站点，高电压等级的变电站是低电压等级电网的电源点。随着负荷的增长，变电站也需进行新的布点，增加变电站容量，以满足负荷增长的需求。受端主网架的变电站一般包括 500kV 变电站和 220kV 变电站两种，因此变电站容量与变电站布点规划也分为 500kV 变电站容量规划与变电站布点规划、220kV 变电站容量规划与变电站布点规划。变电站容量规划的根本原因是由于负荷增长导致受端主网架的容载比不再满足技术导则的规定，因而变电站容量规划的目的是保证受端主网架具有合理的容载比。通俗来讲，容载比指的是电网中变电站容量与电网中最大负载的比例。变电站容量规划的主要途径是通过变电站的布点规划来实现，可以说变电站布点规划的根本目的与变电容量规划一致，都是满足容载比的要求。由于变电站布点规划站址选择等建设条件的影响，因而变电站布点规划、变电容量规划、容载比测算三者是相互影响的过程，统一于变电站规划过程。在实际工程技术领域中，变电站容量与变电站布点的规划具体流程如图 5-3 所示（即变电站规划的流程）。这里需要说明，变电站规划是针对 500kV 或 220kV 某一电压等级而言的，对于受端主网架而言，应该针对 500kV 或 220kV 两个电压等级分别进行规划。

从图 5-3 中可见，变电站规划过程中，有两项核心任务：①确定可行的变电站布点和容量；②容载比的测算。

对于 500kV 变电站，变电站布点规划应遵循以下原则：①全网容载比应满足导则要求和当地负荷增长需求，根据具体情况制定，一般情况可按照 1.5～1.9 控制，各地区容载比应综合考虑负荷性质、供电可靠性要求、负荷发展趋势、变压器互供能力等多方面因素，适当调整容载比；②变压器容量选择规格应统一，负荷密度较大、增长速度较快的地区选择单台容量 1000MVA 的变压器，一般地区近期可选择单台容量 750MVA 的变压器。

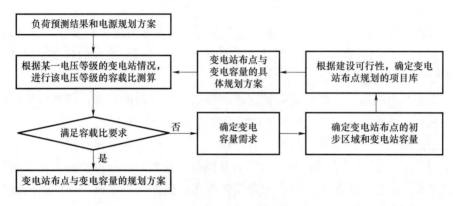

图 5-3　变电站规划的具体流程

对于 220kV 变电站，变电站布点规划应遵循以下原则：①全网容载比应满足导则要求和当地负荷增长需求，根据具体情况制定，一般情况可按照 1.6~2.0 控制，各地区容载比应综合考虑负荷性质、供电可靠性要求、负荷发展趋势、变压器互供能力等多方面因素，适当调整容载比；②变压器容量选择规格应统一，通常情况下，220kV 单台变压器的容量为 180MVA、240MVA，对于负荷密度很低且增长较慢的地区，可考虑配置单台容量为 120MVA 的变压器。

某一电压等级的容载比，一般根据该电压等级的可用变电容载比和所需供电负荷等进行测算。若某电压等级的容载比在其要求范围内，则满足容载比要求。容载比测算通常以表格的形式进行表述，便于分析且一目了然。以"十三五"电力规划为例，受端主网架 500kV 和 220kV 电网等级的容载比测算的参考格式见表 5-2。这里指出，表 5-2 只是针对受端主网架进行容载比测算的参考格式，具体应用可根据实际情况进行调整。

表 5-2　　　　　　　　　　　　　受端主网架容载比测算表

项目		2016 年	2017 年	2018 年	2019 年	2020 年
500kV 容载比测算	最大供电负荷					
	220kV 及以下装机容量					
	220kV 及以下装机供负荷					
	500kV 电网供负荷					
	期末 500kV 降压容量					
	可用 500kV 降压容量					
	500kV 容载比					

续表

项目		2016 年	2017 年	2018 年	2019 年	2020 年
220kV 容载比测算	最大供电负荷					
	110kV 及以下装机容量					
	110kV 及以下装机供负荷					
	220kV 电网供负荷					
	期末 220kV 降压容量					
	可用 220kV 降压容量					
	220kV 容载比					

由于容载比测算是针对某一电压等级而言，因此计算容载比时，要考虑低电压等级的电源直接供应负荷情况。表格中主要数据的计算公式如下：

（1）最大供电负荷：即各年的最大负荷的预测值。

1）220kV 及以下装机容量、110kV 及以下装机容量：按照电压等级的电源规划情况进行统计计算。

2）220kV 及以下装机供负荷、110kV 及以下装机供负荷：若对这两个指标的精度要求较高，可对 220kV 及以下的装机供负荷和 110kV 及以下装机供负荷分别进行统计；在通常情况下，这两个指标可通过在 220kV 及以下装机容量和 110kV 及以下装机容量基础上，选取适当的装机供负荷系数进行计算。

装机供负荷系数应根据规划区域的实际情况进行设置，可参考系数为：220kV 及以下装机供负荷＝220kV 及以下装机容量×（50％～90％）、110kV 及以下装机供负荷＝110kV 及以下装机容量×（30％～80％）。

3）500kV 电网供负荷、220kV 电网供负荷：500kV 电网供负荷＝最大供电负荷－220kV 电压等级及以下装机供负荷；220kV 电网供负荷＝最大供电负荷－110kV 电压等级及以下装机供负荷。

4）期末 500kV 降压容量、期末 220kV 降压容量：根据变电站的布点规划情况，结合现有变电站的变电容量情况进行计算。

5）可用 500kV 降压容量、可用 220kV 降压容量：对于当年新投运的变电站而言，在计算当年的可用 500（220）kV 降压容量时，考虑变电站是否在全年高峰负荷之前投产；若在高峰负荷之间投产，则将该容量计入当年的可用 500（220）kV 降压容量，否则，该容量不计入当年的可用 500（220）kV 降压容量。

6）500kV 容载比、220kV 容载比：500kV 电网容载比＝可用 500kV 降压容量÷500kV 电网供负荷；220kV 电网容载比＝可用 220kV 降压容量÷220kV 电网供负荷。

5.2.2.4　接入系统规划、电气分析计算与技术经济比选

在进行完变电容量规划和变电站布点规划后，要进行受端主网架规划的最后环节-确定最终的规划方案。在这个环节中，共包括接入系统规划、电气分析计算和技术经济比选，共 3 个步骤。由于这 3 个步骤息息相关，且最终目的是获取规划方案，因此本节将这

3个步骤在一起进行介绍。

（1）接入系统规划。接入系统规划是指在确定变电站的位置与容量后，根据这些情况，设计出这些变电站接入主网架的多个备选方案，这些备选方案应具有工程建设的可行性。对不同的接入方案进行组合，构成受端主网架接入系统规划的多个备选方案。

（2）电气分析计算。电气分析计算是指在确定多个可行的受端主网架接入系统规划方案后，对各方案进行电气分析计算，包括静态分析和暂态分析等。对于存在安全稳定问题的接入系统方案予以删除，进一步对剩下的方案中进行优劣对比（技术经济比选）；若所有备选方案均具有安全稳定问题，则重新进行接入系统规划以得到新的备选方案。

（3）技术经济比选。技术经济比选是指在电气分析计算后，将不存在安全稳定问题的接入系统方案进行技术方面和经济方面的比较，以确定最终的方案。其中，技术方面的比较需以电气分析计算的结果为依据。

接入系统规划的根本目的是输出规划方案，而技术经济比选是在接入系统规划技术上，选择使主网架结构更加合理且能够应对各种安全稳定问题的最优方案，以实现较好的经济性和电网运行效率。因此，获取确定最终规划方案时，接入系统规划、电气分析计算与技术经济比选这三者的相互影响，获取最终规划方案的流程如图5-4所示。

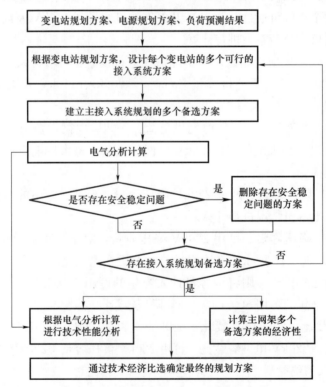

图 5-4　获取最终规划方案的流程

（接入系统规划、电气分析计算与技术经济比选）

从图中可见，接入系统规划、电气分析计算与技术经济比选构成了图获取最终方案流程（图 5-4）中的三个核心要素。

（1）接入系统规划。

1）接入系统的方式选择：变电站通过线路接入现有主网架时，其接入方式一般有两种。一是"线路直出"方式，选取新建变电站周边的已有变电站，从该变电站"直出"线路到新建变电站，即在已有变电站和新建变电站之间的新建输电线路；二是"线路破口"方式，即选取新建变电站周边的一条或多条已有线路，对这些线路进行破口，破口处的两端分别接入该新建变电站。这里说明，对于某一变电站而言，这两种接入系统方式可仅选择一种也可以同时选择两种。

2）接入系统的位置选择：接入系统的位置选择是指，在"线路直出"方式中，选择哪个已有变电站与新建变电站进行"线路直出"，或在"线路破口"方式中，选择哪条已有输电线路进行破口。接入系统的位置选择原则有两种：①就近原则，根据新建变电站的位置，寻找较近的已有变电站，新建与该已有变电站之间的线路，或寻找较近的已有线路，破口接入该已有线路；②优化原则，以解决周边某些变电站或输电线路的重载问题为目标，或者以适应远景电网结构优化为目标，建设相对路径较长但满足目标要求的输电线路，从而实现优化的要求。

（2）电气分析计算。电气分析计算是指，对接入系统规划的方案进行安全稳定校验和技术指标分析，主要通过 PSD 系列软件实现。对于电气计算要求较低的情况，可通过 PSD-BPA 和 PSD-SCCP 进行潮流计算、暂态稳定分析、动态稳定分析和短路电流计算。电气分析计算的具体技术可参考本书第 3 章的介绍。

（3）技术经济比选。

1）技术性比选：针对不存在安全稳定问题的备选方案进行技术比选，包括两个方面：①规划方案在正常运行时的适应性，如潮流分布、短路电流等，主要通过电气分析计算的结果实现；②规划方案在工程建设和未来发展中的适应性，如施工难易程度、过渡方案、对远景网架的适应性等，主要人工经验并结合电气计算结果实现。

2）经济性比选：通常情况，经济性比选是选择成本较优的备选规划方案，成本包括两个方面：①规划方案的建设成本；②规划方案的运行成本。其中，运行成本通常以电网的运行网损进行表征。

5.3　受端主网架的实用规划技术

5.3.1　技术概述

受端主网架的实用规划中，应以全面统筹适应、全方位协调衔接、提升规划效益、提高供电能力、优化网架结构、保障电网安全稳定等基本原则，并适应受端主网架的特征，制定合理的规划目标。经济社会高速发展给电网规划带来了新挑战，在进行受端主网架规划时，还需考虑负荷快速增长、预防联锁故障优化运行经济性等因素。受端主网架规划的目的主要在于：①满足负荷供应的需求。电网建设的最终目的在于向终端用户提供可靠且符合要求的电力，以满足经济社会发展的需要。②避免连锁故障，降低停电风险。目前，全球范围内发生的连锁故障事故不计其数，停电事故导致负荷切除，进而引发经济损失，因而降低停电风险成为受端主网架规划的重要目的。③降低电网运行成本。现代化社会中，各行各业都具有大量电力需求，优化电网运行经济性，是受端主网架的又一个重要目的。

与之相对应，受端主网架的规划目标包括两个方面：①传统电网规划目标仍是受端主网架的规划目标，主要为满足负荷增长需求、优化网架结构、保障合理的容载比等；②受端主网架规划的目标应适应受端主网架的特征，将停电风险降低和电网正常运行效益优化也作为受端主网架的规划目标。因此，受端主网架的规划目标有 4 个：

(1) 目标 1：满足负荷增长需求是受端主网架规划的根本目标，以容载比为测度进行具体化，同时需要以最低成本实现。

(2) 目标 2：优化电网结构、保障安全稳定是受端主网架规划的基本要求，以安全稳定仿真分析和 $N-k$ 通过率进行具体化（k 表示故障元件数量，通常情况下 $k=1$ 或 $k=2$）。

(3) 目标 3：降低停电风险是适应受端主网架特征的规划目标之一，以客观的停电风险分析进行具体化。

(4) 目标 4：优化运行效益是适应受端主网架特征的另一个规划目标，以客观的运行经济性分析进行具体化。

前已述及，受端主网架的实用规划技术是对工程技术领域人工规划和科学研究领域建模求解的折中。因此，为实现上述 4 个目标，受端主网架的实用规划采用"指标分析"的基本模式。该模式中，借鉴科学研究领域的研究成果，构建表征受端主网架规划方案优劣的指标体系，该指标体系应具有科学性、客观性和适应性，同时涵盖上述 4 个目标；更进一步，根据该指标体系构建综合评价指标，用于规划方案的综合评价，借鉴工程技术领域中建立备选方案-校验方案可行性-综合比选最优方案的思路，形成受端主网架的实用规划技术。所构建的指标体系，主要用于受端主网架实用规划过程中的规划方案校核和规划方案比选。

综上所述，受端主网架的实用规划技术目标与实现方式如图 5-5 所示。

5.3.2　技术流程

5.3.2.1　受端主网架实用规划技术的基本模型

受端主网架实用规划技术通过指标分析的方式实现，需综合计及上节所述的 4 个目标，即最低成本满足负荷增长、优化结构并满足安全稳定、降低停电风险、优化运行效益。具体而言，在利用工程技术领域中的规划技术确定受端主网架规划的备选可行方案后，通过建立优化目标和基本校核，实现受端主网架的实用规划。在确定优化目标和基本校核时，均通过构建科学客观的指标实现，即构建涵盖最低成本满足负荷增长、优化结构并满足安全稳定、降低停电风险、优化运行效益这 4 个方面的指标体系。为此，需首先对 4 个目标进行详细的分类，构建出受端主网架实用规划技术的具体模型，如图 5-6 所示。

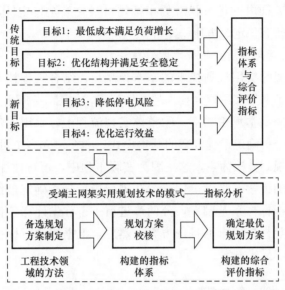

图 5-5 受端主网架的实用规划技术目标与实现方式

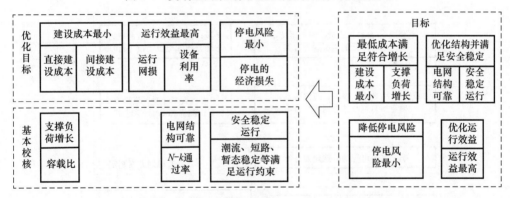

图 5-6 受端主网架的实用规划技术的基本模型

从图 5-6 中可见，建立起的受端主网架的实用规划技术，包括 3 个优化目标要素和 3 个基本校核要素。

在最优目标中，以经济性最优实现目标，包括建设成本最小、运行效益最高和停电风险最小 3 个要素。其中，建设成本最小的量化指标包括直接建设成本和间接建设成本两个指标；运行效益最高的量化指标包括运行网损和设备利用率两个指标；停电风险最小可用停电可能造成的经济损失进行量化。这三个要素的指标进行综合，可构建用于确定最终规划方案的综合评价指标。

基本校核中，以满足安全可靠运行为切入点，包括支撑负荷增长、电网结构可靠、安全稳定运行 4 个要素。其中，支撑负荷增长的量化指标为容载比，容载比需要满足在合理区间内的约束要求；电网结构可靠的量化指标为 $N-k$ 通过率，k 的取值不大于 3，$N-k$ 通过率不应该低于约束要求，通常满足 $N-1$ 通过率达到 100% 即可；安全稳定运行的量化指标较多，表征电网运行状态的指标均可量化安全稳定性，如潮流、短路、机组出力、机组功角、暂态稳定、电压稳定等。

5.3.2.2 受端主网架实用规划技术的具体流程

在建立受端主网架的实用规划技术的基本模型后，结合工程技术领域的受端主网架规划方法，构建受端主网架实用规划技术的具体流程，如图 5-7 所示。受端主网架实用规划技术具体流程建立的基本思想如下：①整体实现流程上，采用先建立多个可行备选规划方案，再进行指标分析确定最优方案的基本模式；②在建立多个可行备选规划方案时，以工程技术领域中的规划方法为主，这是因为实际工程中，可行性往往涉及政府、土地、资金、管理等多方面的因素，难以量化；③在进行指标分析确定最优方案时，在构建优化目标和基本校核的指标体系基础上，分两步进行——首先计算各备选规划方案的基本校核指标，筛选出满足校核要求的备选方案；然后，根据优化目标指标，建立规划方案的综合评价指标，确定最优方案。

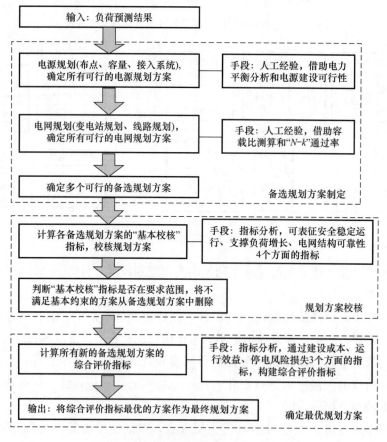

图 5-7　受端主网架的实用规划技术的流程

这里需要说明：在图 5-6 所述的基本模型中，基本约束中的支撑负荷增长和电网结构可靠，可在确定可行的备选规划方案时予以考虑，这样在校核过程中可不必进行容载比和 $N-k$ 通过率的校核。

从图 5-7 中可见，受端主网架的实用规划技术主要包括备选方案制定、规划方案校核和确定最优规划方案三个部分。

（1）备选方案制定。备选方案制定是基于工程技术领域的人工方式实现的，包括电源规划和变电站规划两个核心环节。

1）对于电源规划而言，在工程技术领域通常采用人工经验方式，这是因为电源建设受到主观影响因素很大，例如能源政策、政府核准、电厂所属公司的建设决策等。

2）在电网规划中，包括变电站规划和线路规划，前者的规划对象为变电站的位置和容量，后者的规划对象则为新建线路。电网规划可采用传统方式，利用容载比测算并人工分析建设可行性，确定可行的变电站位置和容量；利用 $N-k$ 通过率并人工分析建设可行性，确定可行的新建线路方案。

（2）规划方案校核。规划方案校核是基于指标分析方式实现的，需要对各备选规划方案进行各类基础校核指标的计算，然后对于不满足各基础校核指标要求的方案予以删除。基础校核指标包括安全稳定运行、支撑负荷增长、电网结构可靠 3 个方面。其中，安全稳定运行方面校核包括潮流不越限、短路不超标、机组出力和机组功角在规定范围、不出现暂态稳定和电压稳定问题等；停电风险合理方面校核包括停电风险发生的概率和停电风险造成的负荷损失不超过规划区域的具体规定；支撑负荷增长和电网结构可靠的校核分别为容载比在合理范围内、$N-k$ 通过率不低于下限要求。

（3）确定最优规划方案。确定最优规划方案也是基于指标分析方式实现的，需要对各备选规划方案进行综合评价指标的计算，选取综合评价指标最优，也就是综合评价指标最小的方案，作为最终的规划方案。其中，本环节的关键在于构建综合评价指标，综合评价指标是综合考虑了建设成本、运行效益和停电风险损失三个方面所建立的。其中，建设成本指标包括直接建设成本和间接建设成本；运行效益指标包括设备利用率的等值成本指标和电网运行网损指标；停电风险指标包括规划方案的潜在停电事故所造成的经济损失。

第6章 受端主网架的可再生能源
适应性评价与优化技术

受端主网架的可再生能源通常具有分布范围广、接入点较多、接入位置分散等特征，随着受端主网架中可再生能源的接入比例越来越高，受端主网架对可再生能源的适应性变得越来越重要。不同的运行方式和调度控制策略，都会深刻影响网架对可再生能源接入的适应性，优化运行方式和调控策略，也是提升可再生能源适应性的主要手段。无论采用哪种方式提升对可再生能源的适应性，受端主网架对可再生能源的适应性评价都是首要环节。

因此，本章从受端主网架的可再生能源适应性评价和优化两个方面，分两个小节进行介绍。在可再生能源适应性评价方面，从网架灵活性角度，提出受端主网架对可再生能源的适应性评价指标，该指标考虑电流分布因子和电流裕度，通过蒙特卡洛模拟获取；在可再生能源适应性优化方面，通过上述适应性评价指标判断适应性优化需求，利用虚拟电厂对分散的各类可再生能源发电及传统火电进行聚合，考虑可控负荷参与度建立虚拟电厂调度模型，解决可再生能源随机性和不确定性对电网的影响，增强受端主网架对可再生能源的适应性。

6.1 受端主网架的可再生能源适应性评价

6.1.1 可再生能源适应性与受端主网架灵活性

通俗上讲，受端主网架对可再生能源的适应性，表现为其网架对可再生能源冲击性和不确定性的应变能力，反映了受端主网架的坚强程度。可再生能源的接入，改变了传统电源结构，降低了整个电源系统的出力可控性，增加了系统运行的随机性和不确定性，对受端主网架的适应性产生较大影响。灵活性与经济性、可靠性、安全性并列为现代电力系统分析中须着重考虑的重要因素，受端主网架的灵活性能够反映其响应供需两端变化的能力，是适应性的集中体现。目前，国内外相关研究对可再生能源适应性的研究较多，但均未从灵活性角度进行评价，而受端主网架对可再生能源的适应性评价应重点考虑灵活性。因此，本节从灵活性角度，建立受端主网架的灵活性和可再生能源适应性之间的关系，针对可再生能源接入，评价受端主网架适应可再生能源随机波动性的能力，构建基于灵活性的可再生能源适应性评价指标。

目前，国内外关于电力系统或电力网架的灵活性研究仍处于起步阶段，其中具有代表性的是北美电力可靠性委员会（North American Electric Reliability Council，NERC）和国际能源署（International Energy Agency，IEA）两个组织，灵活性的研究致力于回答以下 3 个问题：

（1）灵活性的内涵。电力系统或电力网架的灵活性是指，在一定时间尺度下，电力网架所在电力系统响应供需两端变化的能力，包括固有特性、方向性和时间尺度 3 个特性：①灵活性是电力网架的固有特性，不会因为任何其他因素而丧失灵活性，这种固有特性取决于设备或系统本身；②灵活性的方向性涉及灵活性的资源特点，在大规模可再生能源接入时，灵活性资源需要响应可再生能源出力的突然增加或减少，故可认为电力网架的灵活性具有向上与向下两个方向，分别对应电力系统功率供应小于需求和供应大于需求两种情况；③灵活性的时间尺度是不确定因素的反映之一，体现了供需两端的无法预知性，时间尺度对于灵活性显得尤为重要，是灵活性核心内容之一。

（2）灵活性的量化指标。某电力网架的灵活性的量化指标应反映出该电力网架在维持电力系统能量和功率平衡上的响应速度和调节幅度。能量、功率、爬坡率 3 个物理属性本质上反映的是电力设备与系统在一定安全和经济约束下，进行能量交换或转换时的响应速度和调节幅度，是灵活性量化的方向。现有的灵活性量化指标可以分为设备级灵活性指标、网架级灵活性指标和系统级灵活性指标 3 类。其中，网架级灵活性就是本节所述的受端主网架的灵活性，也是构建可再生能源适应性评价指标的基础。

（3）灵活性评价的方法。风电、光伏发电等可再生能源接入电力系统后，电力网架对应的灵活性需求也应同时纳入到相关的电源规划和经济调度等问题中。目前，灵活性评价的处理方法为：①通过对可再生能源出力状态的概率分布、转移频率、有效容量的等时序特性的量化，把可再生能源出力的随机性及其对应的灵活性需求纳入相关的随机生产模拟算法中；②根据给定的灵活性评价指标，开发单独的灵活性评价模块，对相关规划或运行方案进行灵活性评价和校核。

6.1.2 基于灵活性的可再生能源适应性评价指标

可再生能源对受端主网架的适应性影响主要体现在对电源侧出力波动的影响上，对于相同的电源出力变化，线路电流变化越大，则线路受到的影响越大，受端主网架的适应性也就越低。基于此，本节提出一种评价受端主网架对可再生能源适应性的量化指标—基于灵活性的可再生能源适应性评价指标。该指标取决于两个方面：①受端主网架中各个支路的安全裕度，各个支路的安全裕度越大，可用于传输电能的容量越大，应对电源出力波动的能力也就越强；②在安全相等的情况下，各支路相对于发电机节点的电流分布因子越小，发电机节点的出力扰动对电力网络运行状态的影响越小，受端主网架也就越灵活。

根据电流裕度和电流分布因子，构建基于灵活性的可再生能源适应性评价指标 L，通过式（6-1）所示。

$$L = \frac{\sum\limits_{i=1,j=1}^{N} I_{\mathrm{marg}}^{ij} C_{\mathrm{tot}}^{ij}}{\sum\limits_{i=1,j=1}^{N} I_{\mathrm{marg}}^{ij}} \quad i \neq j \tag{6-1}$$

式中　L——基于灵活性的可再生能源适应性评价指标；

　　　N——网架中的节点总数；

　　　ij——节点 i 与节点 j 之间的支路；

　I_{marg}^{ij}——支路 ij 的电流裕度，通过支路的最大工作电流与实际工作电流的差值进行计算；

　C_{tot}^{ij}——支路 ij 相对于所有发电机节点的电流分布因子的绝对值之和，通过式（6-2）计算。

$$C_{\mathrm{tot}}^{ij} = \sum_{k=1}^{N_{\mathrm{G}}} |C_k^{ij}| \tag{6-2}$$

式中　C_k^{ij}——支路 ij 相对于节点 k 的电流分布因子，通过式（6-3）计算；

　　N_{G}——发电机节点数目。

$$C_k^{ij} = y_{ij} \cdot (Z_{ik} - Z_{jk}) \tag{6-3}$$

式中　y_{ij}——支路 ij 的串联导纳；

　　Z_{ik}——节点阻抗矩阵中节点 i、k 之间的互阻抗。

在基于灵活性的可再生能源适应性评价指标 L 中，电流分布因子是由受端主网架的结构决定的，一旦受端主网架的结构确定，该值将不会变化，由于电流分布因子反映的是发电机有功输出功率变化引起的支路电流变化量，因此电流分布因子越小、受端主网架的灵活性越好，需要注意的是，当电流分布因子为零时，只能代表发电功率的变化对该线路的影响较小，并不能说明没有影响。指标 L 中的电流裕度，是由蒙特卡洛模拟得到的概率特性值，需要对一定时间范围内各线路的电流进行蒙特卡洛模拟，并统计模拟结果，得到线路上电流的平均值，再通过与最大工作电流求差得到电流裕度。适应性评价指标 L 越小，说明受端主网架的灵活性越高，受端主网架对可再生能源适应性也就越强。

指标 L 对适应性的有效评价体现在两个方面：①可再生能源适应性是针对可再生能源对受端主网架的影响而言的，而灵活性也正是针对该影响的，两者所分析的问题具有一致性；②指标 L 表征了受端主网架的灵活性，分析的对象为网架，依据为线路电流裕度与电流分布因子，而其中电流分布因子所反映的，正是电源波动性对线路电流的影响，与可再生能源对受端主网架的影响是对应的。

6.1.3　受端主网架对可再生能源的适应性评价流程

在求解基于灵活性的可再生能源适应性评价指标 L 时，其核心是计算各支路的电流裕度（反映潮流特性）和电流分布因子（反映网架特点）。根据规划区域内确定的最大可再生能源接纳容量和不接纳可再生能源时的情况，可建立适应性评价指标 L 的最大临界值 $L_{\max}$ 和最小临界值 $L_{\min}$，当适应性评价指标 L 的实际值应大于临界值 $L_{\max}$，该受端主网架无法适应可再生能源的接入。适应性评价指标 L 越小，说明网架的灵活性越高，受端主网架对可再生能源适应性也就越强。受端主网架对可再生能源的适应性评价流程如图 6-1 所示。

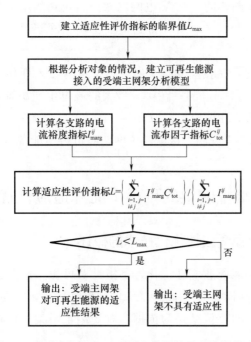

图 6-1　受端主网网架对可再生能源的适应性评价流程

受端主网架对可再生能源适应性评价指标（基于灵活性的可再生能源适应性评价指标 L）的计算中，电流分布因子与受端主网架的结构密切相关，当受端主网架的结构确定时，电流分布因子也就确定了；而电流裕度是根据蒙特卡洛模拟得到的均值，需要对可再生能源电厂的输出功率进行建模，通过取随机数的方法模拟风电的波动性，通过多次取值和概率分布的原理模拟实际的情况。指标 L 的计算流程如下：

步骤 1：采用蒙特卡洛模拟生成可再生能源的时序曲线，对可再生能源功率的波动性进行模拟，利用蒙特卡洛取随机数的方法得到预测误差，并结合历史数据得到可再生能源的有功输出功率。

步骤 2：根据可再生能源接入的位置，将可再生能源输出功率以负荷的形式（负数），加入 PSD-BPA 中，利用 PSD-BPA 仿真计算受端主网架的潮流，得到其中各线路的电流值。

步骤 3：根据各线路的最大允许电流和 PSD-BPA 中求得的电流值，得到该情况下的电流裕度，获取受端主网架中各线路两端节点的互导纳和电源节点的自导纳，计算电流分布因子。

步骤 4：根据电流裕度和电流分布因子，计算得到基于灵活性的可再生能源适应性评价指标 L。

6.1.4 算例分析

对某省级实际受端主网架的 500kV 电网网架进行可再生能源的适应性评价，计算各线路的电流裕度与电流分布因子，最终得到整个受端主网架对可再生能源的适应性评价指标为 $L=1.861$。

经过进一步分析发现，在相同受端主网架内，没有接入任何可再生能源时，可再生能源适应性评价指标为 $L_{min}=1.654$；在接入最大的可再生能源容量时，受端主网架的灵活性最低，可再生能源适应性评价指标为 $L_{max}=16.532$。因此，该受端主网架的可再生能源适应性评价指标 $L=1.861$ 说明，该受端主网架对可再生能源具有较好的适应性，可不进行网架的优化。

6.2 受端主网架的可再生能源适应性优化技术

6.2.1 可再生能源适应性优化技术的概述

受端主网架的可再生能源适应性优化，是指针对可再生能源适应性不高的受端主网架进行优化的过程。是否启动针对可再生能源的适应性优化，需要以 6.1 节介绍的受端主网架对可再生能源适应性的评价结果为依据。对受端主网架的可再生能源适应性优化过程如图 6-2 所示。

从图 6-2 中可见，受端主网架的可再生能源适应性优化过程包括可再生能源适应性评价指标的计算、是否进行可再生能源适应性优化的判定、调度控制深度优化的实现。其中，可再生能源适应性评价指标的计算已在 6.1 节进行介绍；是否进行适应性优化的判定，需要根据优化区域网架的具体情况进行设置。通常是否进行适应性优化所遵循的原则为：当受端主网架对可再生能源适应性的评价结果 L 接近最小临界值 L_{min} 时，不需要进行受端主网架适应性优化；当受端主网架对可再生能源适应性的评价结果 L 小于网架适应性临界值 L_{max} 且与最小临界值 L_{min} 相差较大时，启动网架适应性优化；当受端主网架对可再生能源适应性的评价结果 L 大于网架适应性临界值 L_{max} 时，则需对受端主网架中的可再生能源、受端主网架结构等进行大规模调整，不再属于适应性优化的范畴。流程中的调度控制深度优化是可再生能源适应性优化过程的重点，也是可再生能源适应性优化技术的本质所在，可采用虚拟电厂优化调度技术实现。虚拟电厂技术对可再生能源适应性提升原因如下：

虚拟电厂（virtual power plant，VPP）是以能量管理系统和通信控制设备为基础，能够在更大地理范围内将位置分散的可再生能源和传统发电单元及自愿参与负荷调节的电力用户集成在一起，形成类电厂的空间实体。虚拟电厂的核心为基于区域性电能集中管理模式的先进能量管理系统和依赖于可靠通信设施的协调控制技术，VPP可整合多种能源结构，且可考虑用户侧主动响应，能更加灵活地实现多能互补，是提升可再生能源消纳能力的有效手段。其中，通信控制系统负责数据采集和信息传送，能量管理系统负责对采集的各单元的信息进行整合，并依据电力系统的控制目标做出决策，再将决策命令通过通信控制系统传达给各单元。根据不同的技术目标，在满足运行约束的前提下，在 VPP 内部实现协调优化控制。

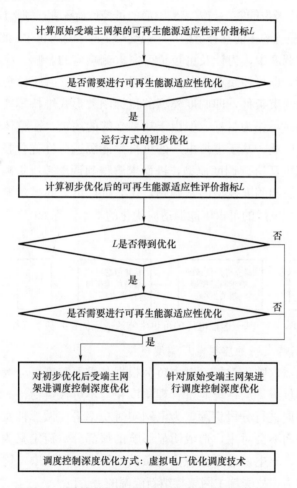

图 6-2　受端主网架的可再生能源适应性优化过程

正是由于虚拟电厂技术可以对地理位置分散的可再生能源发电单元和传统火电厂进行聚合并形成多能互补结构，因而可通过协调控制各单元出力，有效平抑因新能源个体波动性造成的上网冲击，使整体上网功率平稳可控，有效解决可再生能源随机性和不确定性对受端主网架的影响。因此，虚拟电厂调度控制技术，可降低基于灵活性的可再生能源适应性评价指标，从而提高受端主网架对可再生能源的适应性。

6.2.2 基于虚拟电厂调度模型的可再生能源适应优化技术

6.2.2.1 技术概述

前已述及，虚拟电厂技术可以有效解决可再生能源随机性和不确定性对电网的影响，提高受端主网架对可再生能源的适应性，其调度控制对象为可再生能源、传统发电机组以及自愿参与负荷调节的电力用户。目前，虚拟电厂技术的调度控制对象主要包括可再生能源和传统能源在内的各类电源，即风电、光伏、传统机组等，对可控负荷参与程度的考虑不足。若在虚拟电厂调度模型中考虑能够参与需求侧响应的可控负荷程度，则形成的最优调度控制策略会发生变化，形成更优的多能互补结构，增强受端主网架对可再生能源的适应性。

在虚拟电厂优化调度中，为计及可控负荷需求侧响应的影响，应在建立模型时考虑可控负荷的参与程度，即可控负荷参与度应满足一定条件。基于该思想，可改进虚拟电厂优化调度模型中的约束条件，即调度模型的目标函数形式维持不变，仍将对上级电网的整体输出功率波动最小作为目标，但由于功率平衡的约束，在整体输出功率中也对可控负荷进行了考虑。因此，基于虚拟电厂的可再生能源适应性优化技术的核心是，建立考虑可控负荷的虚拟电厂协调调度模型，进而求解得到调度控制策略。其中，建立考虑可控负荷的虚拟电厂协调调度模型的基础是，建立可控负荷的需求响应模型和可控负荷参与度指标。基于虚拟电厂的可再生能源适应优化的基本流程如图 6-3 所示，详细技术将在 6.2.2.2 中进行介绍。

图 6-3 基于虚拟电厂的可再生能源适应优化的基本流程

6.2.2.2 考虑可控负荷的虚拟电厂调度模型

（1）可控负荷的需求响应建模。电力负荷根据其重要程度可分为三级：一级和二级负荷要求可靠的电力供应，从系统能量管理角度视为不可控负荷；三级负荷在系统高峰期可依据重要程度不同进行分段切除，为电网实时功率平衡做弹性贡献。将三级负荷中可以随时下调或切除而不会对用户造成明显影响的那部分负荷定义为可控负荷，比如功率可调的取暖、制冷、充电桩等弹性较大的负荷。受端主网架中，用电量较大，其可控负荷成分可作为软出力，故受端主网架接纳新能源的潜力巨大。

对某一时刻 t，预测总负荷为 $P_{\text{LOAD},t}$，可控负荷总量为 $P_{\text{cLOAD},t}$，不可控负荷总量为 $P_{\text{ucLOAD},t}$，满足：

$$P_{\text{LOAD},t} = P_{\text{cLOAD},t} + P_{\text{ucLOAD},t} \tag{6-4}$$

定义可控负荷储备率（时刻 t）为：

$$\lambda_t = \frac{P_{\text{cLOAD},t}}{P_{\text{LOAD},t}} \tag{6-5}$$

若在时刻 t，实际负荷为 $P_{\text{rLOAD},t}$，则该时刻的可控负荷参与度 ξ_t 定义为：

$$\xi_t = \frac{P_{\text{LOAD},t} - P_{\text{rLOAD},t}}{P_{\text{cLOAD},t}} \tag{6-6}$$

理论上，某时段可控负荷储备率越高，则该时段对于新能源波动性平抑效果潜在贡献越大，一般地，全天可控负荷储备率可简单选取为一恒定值。本节中，全天可控负荷储备率选为随时间变化的函数。考虑到人们的日常生活习惯，白天较黑夜的负荷弹性大，可控负荷比例较大，而夜晚的负荷弹性相对较低；在负荷高峰时段，可控负荷储备率往往也最高，集中效应下的弹性更为突出。因此，可将日负荷曲线划分为 4 个时间段，来建立以日为单位、小时为尺度的全天可控负荷储备率函数，全天可控负荷储备率函数描述如下：

$$\lambda_t = \begin{cases} \lambda_1 & t \in [0,7) \\ \lambda_2 & t \in [8,12) \\ \lambda_3 & t \in [19,21) \\ \lambda_4 & t \in [7,8) \bigcup [12,19) \bigcup [21,24) \end{cases} \tag{6-7}$$

式中　λ_i——对应时段的可控负荷储备率（$i=1$，2，3，4）。

λ_i 的值与实际日负荷统计信息有关，其大小受用户用电结构和用电量的影响，且 λ_i 会影响 VPP 内新能源出力波动性的平抑效果。

（2）考虑可控负荷参与度的虚拟电厂协调优化调度模型。VPP 的构成方法如下：区域内至少有一座具有调峰能力的传统火电厂或水电站；所选区域需包含地理位置分散接入网架的可再生能源（风电场、光伏电站）和具有可控负荷成分的电力用户；具备能量管理系统和可靠的通信设施。

基于虚拟电厂技术，以日为单位、小时为尺度，以 VPP 时序上网功率稳定性最大为目标，以虚拟电厂内电力供需平衡、机组出力和爬坡限制、可控负荷参与度及虚拟电厂整体上网功率波动范围要求作为约束，建立了考虑可控负荷参与度的 VPP 时序出力协调调度优化模型，如式（6-8）～式（6-14）所示。

目标函数：

$$\min \sum_{t=1}^{24} \left[E(P_{\text{S},t}) - P_{\text{S},t} \right]^2 \tag{6-8}$$

式中　$P_{\text{S},t}$——第 t 时刻 VPP 整体向网架输送的有功功率；

$E(P_{\text{S},t})$——全天 24h VPP 整体向网架输送的有功功率的平均值。

约束条件：

1）功率平衡约束：

$$P_{\text{G},t} + P_{\text{w},t} + P_{\text{V},t} = P_{\text{ucLOAD},t} + P_{\text{cLOAD},t} + P_{\text{S},t} \tag{6-9}$$

式中　$P_{\text{G},t}$——第 t 时刻火电机组的有功出力；

$P_{\text{w},t}$——第 t 时刻风电场的有功出力；

$P_{\text{V},t}$——第 t 时刻光伏电站的有功出力；

$P_{S,t}$——VPP 整体向网架输送的有功功率；

$P_{cLOAD,t}$——可控负荷总量；

$P_{ucLOAD,t}$——不可控负荷总量。

2）调峰机组出力极限约束：

$$P_{Gmin} \leqslant P_{G,t} \leqslant P_{Gmax} \tag{6-10}$$

式中　$P_{G,t}$——第 t 时刻火电机组的有功出力上限；

P_{Gmin}——第 t 时刻系统中火电厂有功出力下限；

P_{Gmax}——系统中火电厂有功出力上限。

3）考虑调峰机组相邻时段爬坡能力约束：

$$P_{G,t+1} - P_{G,t} \leqslant \Delta P_{up} \tag{6-11}$$

$$P_{G,t} - P_{G,t+1} \leqslant \Delta P_{down} \tag{6-12}$$

式中　$P_{G,t}$——第 t 时刻的调峰机组有功出力；

$P_{G,t+1}$——第 $t+1$ 时刻的调峰机组有功出力；

ΔP_{up}——调峰机组的爬坡上限；

ΔP_{down}——调峰机组爬坡下限。

4）可控负荷参与度约束：

$$0 \leqslant \xi_t \leqslant 1 \tag{6-13}$$

式中　ξ_t——时刻 t 的可控负荷参与度，由时刻 t 的实际负荷 $P_{rLOAD,t}$、预测总负荷 $P_{LOAD,t}$、可控负荷总量 $P_{cLOAD,t}$ 并通过式（6-6）进行计算。

5）虚拟电厂整体上网功率波动范围约束：

$$P_{Smin} \leqslant P_{S,t} \leqslant P_{Smax} \tag{6-14}$$

式中　$P_{S,t}$——t 时刻 VPP 整体向网架输送的有功功率；

P_{Smax}——VPP 整体向网架输送的有功功率上限；

P_{Smin}——VPP 整体向网架输送的有功功率下限。

6.2.2.3　算例分析

为了验证基于虚拟电厂调度模型的可再生能源适应优化技术的合理性，采用含风电场和光伏电站的系统进行案例分析。该系统包含一台发电机、3 台无功补偿设备和 14 条母线；光伏电站的额定容量为 10MW，风电场额定容量为 49.5MW；VPP 内各单元参数设置为：$P_{Gmin}=50MW$、$P_{Gmax}=350MW$、$\Delta P_{up}=40MW/h$、$\Delta P_{down}=30MW/h$、$P_{Smin}=50MW$、$P_{Smax}=70MW$。

考虑不同可控负荷参与下的 VPP 模型，设置 4 个 VPP 场景：场景 1 无可控负荷参与；场景 2 考虑负荷可控储备率统一为 0.2；场景 3 采用所建立的可控负荷储备率分段函数，考虑了集群效应下更符合实际用电情况的可控负荷比例；场景 4 比场景 3 整体的可控负荷比例增大 1.5 倍。具体参数见表 6-1。对 4 个优化场景分别进行求解，分别得到 VPP 的协调优化结果，见表 6-2 和如图 6-4 所示。

表 6-1   4 个场景的参数设置   （%）

场景	λ_1	λ_2	λ_3	λ_4
1	0	0	0	0
2	20	20	20	20
3	10	30	30	20
4	15	45	45	30

表 6-2   4 个场景的优化结果

场景	VPP 上送功率（MW）	ξ_t 均值（%）
1	27.2	0
2	51.52	57.35
3	63.48	66.11
4	64.78	57.94

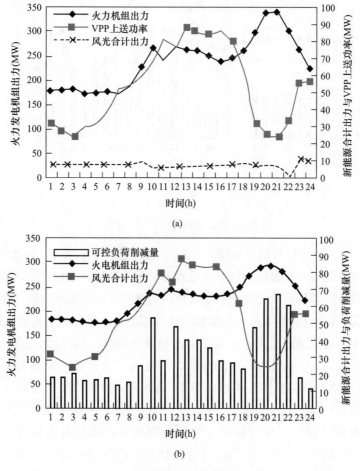

图 6-4   4 个场景的优化结果（一）

（a）场景 1 优化结果；（b）场景 2 优化结果

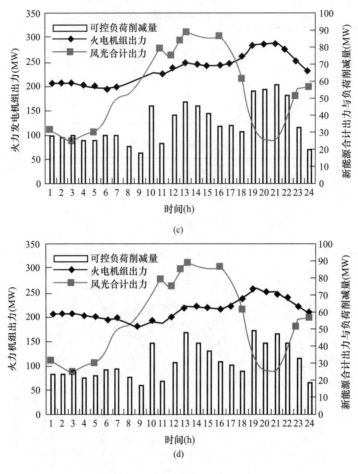

图 6-4 4 个场景的优化结果（二）

(c) 场景 3 优化结果；(d) 场景 4 优化结果

由表 6-2 可知，可控负荷储备率越高，VPP 整体上送功率越大；场景 4 相比场景 3 上送功率提高程度不明显，这是因为场景 3 设置的可控负荷储备率已经足够应对其内部可再生能源的波动性；同理场景 4 相比场景 3 可控负荷参与度均值减小（可控负荷参与总量上升），说明此时其具有应对更大可再生能源波动性的能力，即可控负荷储备裕度更大。

对比场景 1 和场景 2 的结果：场景 1 无可控负荷成分，其 VPP 上送功率在 9：00～10：00 及 18：00～19：00 发生了小范围波动，在 21：00～23：00 发生了较大波动；而场景 2 中 VPP 整体上网功率值能够稳定为 51.52MW，这是由于可控负荷在新能源整体波动范围较大的 8：00～12：00 和 18：00～22：00 时间段积极参与了辅助调峰；同时场景 2 中火电机组的工作环境相比场景 1 得到明显改善，爬坡曲线相对平缓，在时间段 8：00～11：00 和 18：00～21：00 尤为突出。因此，考虑可控负荷参与的优化结果更好。

对比场景 2 和场景 3 的结果：在负荷低谷时期 1：00～6：00，虽然场景 2 的可控负荷储备率高于前者，但场景 3 的可控负荷削减量明显高于后者，即可控负荷参与度更高；

场景 3 火力机组出力可稳定在 200MW 以上，由于场景 3 相比场景 2 在负荷低谷期出力水平高，在早高峰 7：00～11：00 阶段前者火电机组出力爬坡要更缓和，从下午 4 点过渡到晚高峰时段末，场景 3 比场景 2 火力机组爬坡平缓；从曲线总体变化水平分析，场景 3 的火力机组出力整体范围以及波动情况明显好于场景 2，即便在负荷低谷期保持相对较高的水平，负荷晚高峰出力也相对平缓。因此，相比场景 2，场景 3 设置的可控负荷分段函数参数在协调优化模型中能更好地辅助调峰错峰，减轻火力机组调峰压力，适应性更好。

对比场景 3 和场景 4 结果：当可控负荷储备率增加 1.5 倍后，火力机组的曲线整体出力变化范围有所减小，但其波动程度和 VPP 整体上送功率并未得到明显改善，故场景 4 可控负荷储备率设置偏高，辅助调节能力未能全部发挥。可控负荷储备率应按照 VPP 内部新能源装机容量和波动情况来合理确立，过高的可控负荷储备会造成辅助浪费，额外增加 VPP 管理者的运营成本。

第 7 章　受端主网架的电压控制技术

作为受端主网架安全稳定的最突出问题，在实时运行中保障电压稳定成为解决该问题的重要方式。正是如此，电压控制成为受端主网架安全稳定优化技术的重要环节。目前，电压控制技术大都是基于静态潮流方程，很难描述系统的动态行为。然而，实际受端主网架发生故障扰动后，可能在到达事故稳定运行点的过程中出现电压失稳。因此，现有电压控制技术对事故控制是不到位的，而利用受端主网架电压控制的动态模型进行电压控制是十分必要的。然而，电压控制的动态模型存在两个弊端：①受端主网架电压控制的动态模型求解复杂度较高导致实时性较差且难以实用化；②受端主网架的动态电压控制模型一般仅针对单一目标控制，单层的模型结构很难动态修正预测控制参考轨迹，导致电压控制中动态追踪优化过程的控制性能还有待提升。

因此，为实现基于动态模型的受端主网架电压控制，就要从以下两个方面进行解决：受端主网架电压控制的动态模型降阶技术和受端主网架的动态分层电压预测控制技术，分别实现电压控制动态模型的快速求解和控制精度提升。下面，本章分两个小节对上述受端主网架电压控制的动态模型降阶技术、受端主网架的动态分层电压预测控制技术，分别进行介绍。

7.1　受端主网架电压控制的动态模型降阶技术

7.1.1　受端主网架电压控制动态模型

目前，电压控制技术大都是基于潮流方程进行的，很难描述电力系统的动态行为。若在干扰严重情况下，受端主网架的电压可能会在到达事故后稳定运行点的过程中失去稳定，因而使用动态模型进行电压控制是十分必要的。基于动态模型的电压控制是保障受端主网架电压控制精准度的基本要求，但其实际应用还有较大难度。这主要是因为，随着电力系统规模和复杂度的增加，动态模型的维数迅速增大，计算复杂度随之呈现出指数增长，高维性带来的问题尤为突出，电压控制动态模型的求解复杂导致控制的实时性难以保障。如何在保持系统固有动态行为的前提下，降低高维动态模型的维数，是受端主网架电压控制动态模型求解亟待解决的问题，也是基于动态模型的受端主网架电压控制技术实用化中最关键的环节。

为此，需要首先建立用于电压控制的受端主网架动态系统模型；然后利用 Gramian 平衡降阶，构建加速降阶方法，提出基于 Gramian 平衡降阶的受端主网架电压控制动态模型降阶技术。用于电压控制的受端主网架动态系统模型的建立过程如下。

7.1.1.1 各部件模型

（1）发电机模型。发电机使用如下 4 阶动态模型：

$$\dot{\delta} = \omega_s(\omega - \omega_{ref}) \tag{7-1}$$

$$T_j\dot{\omega} = T_m - T_e - D(\omega - \omega_{ref}) \tag{7-2}$$

$$T'_{d0}\dot{E}'_q = E_f - E'_q - (x_d - x'_d)I_d \tag{7-3}$$

$$T'_{q0}\dot{E}'_d = -E'_d + (x_q - x'_q)I_q \tag{7-4}$$

式中　δ——发电机转子角；

ω——发电机角频率；

ω_s——发电机额定角频率；

ω_{ref}——发电机参考角频率；

T_m——原动机功率；

T'_{d0}——发电机 d 轴开路暂态时间常数；

T'_{q0}——发电机 q 轴开路暂态时间常数；

T_j——发电机机转动惯量；

E'_d——发电机 d 轴暂态电势；

E'_q——发电机 q 轴暂态电势；

E_f——励磁电压；

D——发电机定常阻尼系数；

x_d——发电机 d 轴同步电抗；

x_q——发电机 d 轴瞬变电抗；

x'_d——发电机 q 轴同步电抗；

x'_q——发电机 q 轴瞬变电抗；

T_e——发电机功率，$T_e = E'_dI_d + E'_qI_q$。

发电机 d 轴和 q 轴的电流和电压关系可由如下方程来描述：

$$I_d = (r_aE'_d + x'_qE'_q - r_aU_d - x'_qU_q)/(r_a^2 + x'_dx'_q) \tag{7-5}$$

$$I_q = (r_aE'_q - x'_dE'_d - r_aU_q + x'_dU_d)/(r_a^2 + x'_dx'_q) \tag{7-6}$$

$$U_d = U_g\sin(\delta - \theta) \tag{7-7}$$

$$U_q = U_g\cos(\delta - \theta) \tag{7-8}$$

式中　I_d——发电机 d 轴的电流；

I_q——发电机 q 轴的电流；

U_q——发电机 q 轴的电压；

r_a——发电机定子绕组电阻；

U_d——发电机 d 轴电压；

U_g——机端电压；

θ——机端电压相角。

根据式（7-5）~式（7-8）。消去 I_d、I_q、U_d、U_q，不难获得改进的发电机动态模型，该模型中的变量为 (U_g, θ) 和 $(\delta, \omega, E'_d, E'_q)$。式（6-9）为考虑饱和函数 S_E 的励磁机动态模型：

$$T_L \dot{E}_f = -K_L E_f - S_E + K_A(U_{gref} - U_g)$$
$$S_E = \varphi(E_f) \tag{7-9}$$

式中 K_A——增益；

T_L——时间常数；

K_L——与励磁方式相关的常数；

U_{gref}——电压设定值。

（2）有载调压变压器（on-load tap changer，OLTC）和静态无功补偿器（static var compensator，SVC）模型。OLTC 和 SVC 的模型如下：

$$n = (U_s - U_{sref})/T_n \tag{7-10}$$
$$B_c = [K_r(U_{sref} - U_s) - B_c]/T_r \tag{7-11}$$

式中 T_n——OLTC 的时间常数；

T_r——SVC 的时间常数；

n——OLTC 变化（分接头）的输出；

B_c——SVC 电容容量值的输出；

U_s——电压幅值；

U_{sref}——电压设定值。

对于模型中的负荷，使用非线性静态负荷模型，代数方程如下：

$$P_L = P_{L0}[a_p (U_L/U_{L0})^2 + b_p(U_L/U_{L0}) + c_p] \tag{7-12}$$
$$Q_L = Q_{L0}[a_q (U_L/U_{L0})^2 + b_q(U_L/U_{L0}) + c_q] \tag{7-13}$$
$$a_p + b_p + c_p = 1, a_q + b_q + c_q = 1 \tag{7-14}$$

式中 P_{L0}——在基准点稳态运行时负荷有功功率；

Q_{L0}——在基准点稳态运行时负荷无功功率；

U_{L0}——在基准点稳态运行时负荷母线电压幅值；

P_L——负荷有功功率实际值；

Q_L——负荷无功功率实际值；

U_L——负荷母线电压幅值实际值；

a_p——恒定功率有功功率占总有功功率的百分比；

b_p——恒定电流的有功功率占总有功功率的百分比；

c_p——恒定功率负荷的有功功率占总有功功率的百分比；

a_q——恒定功率的无功功率占总无功功率的百分比；

b_q——恒定电流负荷的无功功率占总无功功率的百分比；

c_q——恒定功率负荷的无功功率占总无功功率的百分比。

电压二次项相当于恒定阻抗负荷，电压一次项相当于恒定电流负荷，电压零次项相当于恒定功率负荷。

7.1.1.2　各部件与网络的联接

网络节点导纳矩阵追加各发电机暂态电抗，并增加相应内节点；则原来发电机端节点注入电流转为零；将注入电流为零的节点消去，即消去发电机端节点和联络节点；由网络收缩获得的潮流方程式（7-15）可作为网络模型；网络收缩所形成的修正节点导纳矩阵 $\boldsymbol{Y}$ 已经计及了恒定阻抗负荷；发电机的输出功率通过容量归算后，写入式（7-15）和式（7-16）等式左边，可与网络相联。

$$P_i = U_i^2 G_{ii} + U_i \sum_{j=1}^{j \neq i} U_j (G_{ij}\cos\theta_{ij} + B_{ij}\sin\theta_{ij}) \tag{7-15}$$

$$Q_i = U_i^2 B_{ii} - U_i \sum_{j=1}^{j \neq i} U_j (G_{ij}\sin\theta_{ij} - B_{ij}\cos\theta_{ij}) \tag{7-16}$$

式中　G_{ij}——修正节点导纳矩阵 $\boldsymbol{Y}$ 中第 i 行第 j 列元素 Y_{ij} 的实部；

　　　　B_{ij}——修正节点导纳矩阵 $\boldsymbol{Y}$ 中第 i 行第 j 列元素 Y_{ij} 的虚部；

　　　　P_i——节点 i 的注入有功功率；

　　　　Q_i——节点 i 的注入无功功率；

　　　　U_i——节点 i 的电压；

　　　　U_j——节点 j 的电压；

　　　　θ_{ij}——线路 ij 的相角。

式（7-12）、式（7-13）中恒电流、恒功率负荷部分写入式（7-15）、式（7-16）等式左边，实现与网络的互联。

OLTC 与网络联接公式如下：

$$Y_{ij} = Y'_{ij} - y_T/n' + y_T/n \tag{7-17}$$

$$Y_{ji} = Y'_{ji} - y_T/n' + y_T/n \tag{7-18}$$

$$Y_{jj} = Y'_{jj} - y_T/(n')^2 + y_T/(n)^2 \tag{7-19}$$

式中　n'、n——OLTC 动作前后变比；

　　　　Y_{ij}——修正节点导纳矩阵 $\boldsymbol{Y}$ 中第 i 行第 j 列元素；

　　　　Y'_{ij}——OLTC 动作后修正节点导纳矩阵 $\boldsymbol{Y}$ 中第 i 行第 j 列元素；

　　　　y_T——OLTC 的导纳。

SVC 与网络联接公式如下：

$$B_{ll} = B'_{ll} + B_c \tag{7-20}$$

式中　B_{ll}——矩阵 $\boldsymbol{Y}$ 中自导纳 Y_{ll} 的虚部；

　　　　B'_{ll}——OLTC 动作后矩阵 $\boldsymbol{Y}$ 中自导纳 Y_{ll} 的虚部。

7.1.1.3 用于电压控制的动态模型

至此，式（7-1）～式（7-4）、式（7-9）～式（7-11）、式（7-15）～式（7-20）。构成用于电压控制的受端主网架非线性动态模型，可简化为：

$$\dot{z} = f(z, y, u) \tag{7-21}$$

$$0 = g(z, y) \tag{7-22}$$

其中，$z = [\delta, \omega, E_q', E_d', E_f, n, B]^T$，$y = [U, \theta]^T$，$u = [U_{gref}, U_{sref}]^T$。

将式（7-21）、式（7-22）在某一平衡点处线性化处理，获得线性模型：

$$\dot{x} = Ax + Bu \tag{7-23}$$

$$y = Cx \tag{7-24}$$

其中，$x = [\Delta\delta, \Delta\omega, \Delta E_q', \Delta E_d', \Delta E_f, \Delta n, \Delta B_c]^T$，$y = \Delta U^T$，$u = [\Delta U_{gref}, \Delta U_{sref}]^T$，$A$、$B$、$C$ 为线性模型中的参数矩阵。

至此，受端主网架电压控制的动态模型建立完毕，即式（7-23）和式（7-24）。

7.1.1.4 模型的求解思路

前已述及，电压控制动态模型难以实际应用的主要难题是模型求解的困难。因此对于受端主网架电压控制动态模型的求解，需采用模型降阶的思路进行化简求解。模型降阶的基本思想就是对形式上如式（7-23）和式（7-24）的线性动态系统，通过投影将其变换到一个低维（ℓ维）空间 R^ℓ（$\ell \ll n$），使得在低维降阶空间上系统的输入与输出与原系统的输入与输出近似相等。

电力系统中，模型降阶的主要方法有：同调等值理论、奇异摄动方法、解耦方法以及 Gramian 平衡降阶方法等。相比其他方法，Gramian 平衡降阶方法具有明显优点：①Gramian 平衡降阶方法关注降阶模型保持原模型动态行为和输入/输出特性的问题，更加适合应用于控制设计的模型降阶；②Gramian 平衡降阶的降阶模型能够保留原模型的稳定性，并且其输出误差存在上界；③Gramian 平衡降阶的任何一阶降阶模型描述的都是原模型所有状态量线性组合的动态行为。

因此，结合 Gramian 平衡降阶方法，能够提高电压控制动态模型优化问题的求解效率，本章提出的受端主网架电压控制动态模型降阶技术也正是基于 Gramian 平衡降阶的。Gramian 平衡方法应用的主要障碍在于如何较快求解李亚普诺夫方程，获得可观可控 Gramian 矩阵。受端主网架电压控制的 Gramian 平衡降阶与加速降阶方法等，将在下面小节进行介绍。

7.1.2 电压控制动态模型的 Gramian 平衡降阶方法

7.1.2.1 Gramian 平衡降阶方法的基本思路

Gramian 平衡降阶是在保障与原系统的输入与输出近似相等时，通过投影将形如式（7-23）、式（7-24）的线性动态系统变换到一个低维空间。通常，系统的输入与输出特性由系统的可控 Gramian 矩阵 W_C 和可观 Gramian 矩阵 W_O 来描述，可分别定义如下：

$$W_{\mathrm{C}} = \int_0^\infty \mathrm{e}^{\boldsymbol{A}t} \boldsymbol{B}\boldsymbol{B}^{\mathrm{T}} \mathrm{e}^{\boldsymbol{A}^{\mathrm{T}}t} \mathrm{d}t \tag{7-25}$$

$$W_{\mathrm{O}} = \int_0^\infty \mathrm{e}^{\boldsymbol{A}^{\mathrm{T}}t} \boldsymbol{C}^{\mathrm{T}} \boldsymbol{C} \mathrm{e}^{\boldsymbol{A}t} \mathrm{d}t \tag{7-26}$$

如果系统是稳定且是可控的，则可控 Gramian 矩阵 $\boldsymbol{W}_{\mathrm{C}}$ 是满秩的；如果系统是稳定且是可观的，则可观 Gramian 矩阵 $\boldsymbol{W}_{\mathrm{O}}$ 是满秩的。进而可知，线性可控 Gramian 矩阵 $\boldsymbol{W}_{\mathrm{C}}$ 和可观 Gramian 矩阵 $\boldsymbol{W}_{\mathrm{O}}$ 是下面李亚普诺夫方程的唯一正定解。

$$\boldsymbol{A}\boldsymbol{W}_{\mathrm{C}} + \boldsymbol{W}_{\mathrm{C}}\boldsymbol{A}^{\mathrm{T}} + \boldsymbol{B}\boldsymbol{B}^{\mathrm{T}} = 0 \tag{7-27}$$

$$\boldsymbol{A}^{\mathrm{T}}\boldsymbol{W}_{\mathrm{O}} + \boldsymbol{W}_{\mathrm{O}}\boldsymbol{A} + \boldsymbol{C}\boldsymbol{C}^{\mathrm{T}} = 0 \tag{7-28}$$

对于线性系统，可以通过解李雅普诺夫方程获得可控 Gramian 矩阵 $\boldsymbol{W}_{\mathrm{C}}$ 和可观 Gramian 矩阵 $\boldsymbol{W}_{\mathrm{O}}$，但求解出的 $\boldsymbol{W}_{\mathrm{C}}$ 和 $\boldsymbol{W}_{\mathrm{O}}$ 往往是不相等的，这时就需要利用 $\boldsymbol{W}_{\mathrm{C}}$ 和 $\boldsymbol{W}_{\mathrm{O}}$ 分别分析控制输入和状态输出对系统动态行为的影响。然而，此时会产生如下一类变量：某一状态变量对系统的状态输出影响很大而对控制输入影响较小，或者对状态输出影响较小而对控制输入影响较大。这类变量在模型降阶过程中就难于处理，而平衡降阶的思想能够很好地解决这一问题，其采用坐标变换的方式将原系统映射到平衡系统。平衡系统的可控 Gramian 矩阵 $\overline{\boldsymbol{W}}_{\mathrm{C}}$ 和可观 Gramian 矩阵 $\overline{\boldsymbol{W}}_{\mathrm{O}}$ 是相等的，平衡系统有着与原系统完全一致的动态行为。

将原系统通过坐标变换转换成平衡系统，即 $\boldsymbol{W}_{\mathrm{C=WO}}$；利用平衡系统的 Hankel 奇异值矩阵，通过 Galerkin 映射截断那些对系统控制输入和状态输出行为影响较小的状态变量。平衡降阶方法特点是能够使降阶系统在理论上保留原系统的稳定性，而且确保降阶系统状态输出与原系统状态输出的误差存在上界；任何一阶降阶系统描述的都是原高阶系统所有动态变量的线性组合的动态行为。其中，Hankel 奇异值矩阵和 Galerkin 映射参考相关文献，本章不做赘述。

假设对线性系统式（7-23）和式（7-24）。存在一个平衡变换矩阵 $\boldsymbol{T}$，则其平衡系统为：

$$\dot{\overline{x}} = \overline{\boldsymbol{A}}\,\overline{x} + \overline{\boldsymbol{B}}u \tag{7-29}$$

$$y = \overline{\boldsymbol{C}}\,\overline{x} \tag{7-30}$$

其中，$\overline{\boldsymbol{A}} = \boldsymbol{T}\boldsymbol{A}\boldsymbol{T}^{-1}$，$\overline{\boldsymbol{B}} = \boldsymbol{T}\boldsymbol{B}$，$\overline{\boldsymbol{C}} = \boldsymbol{C}\boldsymbol{T}^{-1}$，$\overline{x} = \boldsymbol{T}x$。$\boldsymbol{W}_{\mathrm{C}}$ 和 $\overline{\boldsymbol{W}}_{\mathrm{C}}$ 的关系为 $\overline{\boldsymbol{W}}_{\mathrm{C}} = \boldsymbol{T}\boldsymbol{W}_{\mathrm{C}}\boldsymbol{T}^{\mathrm{T}}$，$\boldsymbol{W}_{\mathrm{O}}$ 和 $\overline{\boldsymbol{W}}_{\mathrm{O}}$ 的关系为 $\overline{\boldsymbol{W}}_{\mathrm{O}} = (\boldsymbol{T}^{-1})^{\mathrm{T}}\boldsymbol{W}_{\mathrm{O}}\boldsymbol{T}^{-1}$。

设确定的平衡降阶系统的阶数为 ℓ，将 ℓ 后面不重要的奇异值所对应的状态变量截掉，以实现模型降阶，该模型降阶过程可通过 Galerkin 投影映射来实现。设 $\boldsymbol{P}$ 为 Galerkin 投影矩阵，形式为 $\boldsymbol{P} = [\boldsymbol{I}_\ell \quad \boldsymbol{O}_{\ell,(n-\ell)}] \in \boldsymbol{R}_{n \times n}$。其中，$\boldsymbol{I}_\ell$ 是 $\ell \times \ell$ 的单位阵，$\boldsymbol{O}_{\ell,(n-\ell)}$ 是 $\ell \times (n-\ell)$ 的全零矩阵。

综上所述，可得到 Gramian 平衡截断降阶后的动态模型表达式为：

$$\dot{x} = \widetilde{\boldsymbol{A}}\,\widetilde{x} + \widetilde{\boldsymbol{B}}u \tag{7-31}$$

$$y = \widetilde{\boldsymbol{C}}\,\widetilde{x} \tag{7-32}$$

其中，$\tilde{A} = P\bar{A}P^{\mathrm{T}}$，$\tilde{B} = P\bar{B}$，$\tilde{C} = \bar{C}P^{\mathrm{T}}$，$\tilde{x} = PTx$。$P$ 为 Galerkin 投影矩阵，T 为 Gramian 平衡变换矩阵。

7.1.2.2 Gramian 平衡变换矩阵 T 的计算

通过式（7-31）和式（7-32）即可实现受端主网架电压控制的 Gramian 平衡降阶。通过上述分析，不难发现，Gramian 平衡变换矩阵 T 的计算是应用 Gramian 平衡降阶方法的关键，下面介绍 Gramian 平衡变换矩阵 T 的计算方法。

对可控 Gramian 矩阵 W_{C} 和可观 Gramian 矩阵 W_{O} 进行 Cholesky 因式分解，得到矩阵 X 和 Y：

$$W_{\mathrm{C}} = XX^{\mathrm{T}} \tag{7-33}$$

$$W_{\mathrm{O}} = YY^{\mathrm{T}} \tag{7-34}$$

构建积矩阵 $Y^{\mathrm{T}}X$，并对积矩阵进行奇异值分解，得到对角矩阵 Σ 和正交矩阵 U、V：

$$Y^{\mathrm{T}}X = U\Sigma V \tag{7-35}$$

式中　Σ——Hankel 奇异值矩阵。

根据下式计算得到 Gramian 平衡变换矩阵 T：

$$T = XV\Sigma^{-1/2} \tag{7-36}$$

7.1.2.3 原模型和平衡降阶模型的状态变量关系

Gramian 平衡降阶是一种根据状态变量对系统输入输出动态行为的贡献进行模型降阶的方法，其实现技术能够将原系统每个状态变量对系统输入输出动态行为的贡献 c_i 提取出来，将 c_i 中最主要的部分 s_i 线性组合为平衡系统的第一个状态量 $\bar{x}_1$，然后将 c_i 中次主要的部分 e_i 线性组合为平衡系统的第二个状态变量 $\bar{x}_2$，按照重要程度从高至低的顺序依次将原系统所有状态量线性组合来形成平衡系统的状态变量，完成原系统至平衡系统的变换；之后，根据平衡系统各状态量对系统输入输出动态行为贡献的重要程度选择平衡截断降阶模型的阶数。不难看出，Gramian 平衡截断降阶模型中任一状态变量都是原系统所有状态变量的线性组合，包含原系统所有状态变量的信息，但没有像原系统每一状态变量那样具有明确的物理含义。

虽然 Gramian 平衡截断降阶模型中的状态变量没有实际物理含义，但并不意味着无法应用在电力系统电压控制中。通过式（7-57）和式（7-38）可完成平衡降阶状态变量与原模型状态变量之间的转换：

$$x = T^{-1}P^{\mathrm{T}}\tilde{x} \tag{7-37}$$

$$\tilde{x} = PTx \tag{7-38}$$

式中　x——原模型状态变量；

　　　$\tilde{x}$——平衡降价状态变量。

加之 Gramian 平衡降阶模型与原模型有着相同的控制输入量，且保留了原系统的稳定性，其状态输出量也存在误差上界。因此，能够使用 Gramian 平衡降阶模型代替原模型实施基于 Gramian 平衡降阶的受端主网架电压控制。

7.1.3　Gramian 平衡降阶的加速方法

值得注意的是，Gramian 平衡降阶的过程也需要花费一定的时间，影响模型更新的速度。为缩短这部分时间，将低秩 Cholesky 因子交替方向隐方法（low rank Cholesky factor alternationg direction implicit，LRCF-ADI）方法应用于高阶李雅普诺夫方程的求解和平衡变换矩阵的计算中，能够减少传统直接法近 2/3 的计算时间。其中，LRCF-ADI 方法是相关学者在交替方向隐方法（alternationg direction implicit，ADI）方法基础上得到的。LRCF-ADI 方法的具体计算过程为：

$$\boldsymbol{F}_1 = \alpha_1 (\boldsymbol{A} + \mu_1 \boldsymbol{I})^{-1} \boldsymbol{B} \tag{7-39}$$

$$\boldsymbol{F}_i = \alpha_i [\boldsymbol{I} - (\mu_i + \overline{\mu}_{i-1})(\boldsymbol{A} + \mu_i \boldsymbol{I})^{-1}] \boldsymbol{F}_{i-1} \tag{7-40}$$

$$\boldsymbol{Z}_1 = \boldsymbol{F}_1 , \boldsymbol{Z}_i = [\boldsymbol{Z}_{i-1} , \boldsymbol{F}_i] \tag{7-41}$$

$$\boldsymbol{E}_1 = \alpha_1 (\boldsymbol{A}^{\mathrm{T}} + \mu_1 \boldsymbol{I})^{-1} \boldsymbol{C} \tag{7-42}$$

$$\boldsymbol{E}_i = \alpha_i [\boldsymbol{I} - (\mu_i + \overline{\mu}_{i-1})(\boldsymbol{A}^{\mathrm{T}} + \mu_i \boldsymbol{I})^{-1}] \boldsymbol{E}_{i-1} \tag{7-43}$$

$$\boldsymbol{S}_1 = \boldsymbol{E}_1 , \boldsymbol{S}_i = [\boldsymbol{S}_{i-1} , \boldsymbol{E}_i] \tag{7-44}$$

其中，μ 为 ADI 参数，其共轭复数为 $\overline{\mu}$，第 i 次迭代时的 ADI 参数为 μ_i；$\boldsymbol{Z}$ 和 $\boldsymbol{S}$ 分别为可控 Gramian 矩阵 $\boldsymbol{W}_{\mathrm{C}}$ 和可观 Gramian 矩阵 $\boldsymbol{W}_{\mathrm{O}}$ 的 Cholesky 因子，$\boldsymbol{W}_{\mathrm{C}} = \boldsymbol{Z}^{\mathrm{T}} \boldsymbol{Z}$，$\boldsymbol{W}_{\mathrm{O}} = \boldsymbol{S}^{\mathrm{T}} \boldsymbol{S}$；通过不断迭代得到 $\boldsymbol{Z}$ 和 $\boldsymbol{S}$ 的最终值，其中第 i 次迭代后的 Cholesky 因子分别为 $\boldsymbol{Z}_i$ 和 $\boldsymbol{S}_i$；$\boldsymbol{F}_i$ 和 $\boldsymbol{E}_i$ 为第 i 次迭代时的 Cholesky 因子计算参数，分别用于计算 $\boldsymbol{Z}_i$ 和 $\boldsymbol{S}_i$；$(\boldsymbol{A} + \mu_i \boldsymbol{I})^{-1}$ 可通过对 $(\boldsymbol{A} + \mu_i \boldsymbol{I})$ 进行 LU 分解后计算获得，$(\boldsymbol{A}^{\mathrm{T}} + \mu_1 \boldsymbol{I})^{-1}$ 的处理过程与其相同，其中 $\boldsymbol{I}$ 为单位矩阵；α_i 为 Cholesky 因子的计算参数，通过式（7-45）和式（7-46）进行计算；$\boldsymbol{Z}$ 和 $\boldsymbol{S}$ 的 ADI 迭代终止条件分别为式（7-47）和式（7-48），ζ_z 和 ζ_s 分别为 $\boldsymbol{Z}$ 和 $\boldsymbol{S}$ 的迭代终止阈值。

$$\alpha_1 = \sqrt{-2\mathrm{Re}(\mu_1)} \tag{7-45}$$

$$\alpha_i = \sqrt{\mathrm{Re}(\mu_i)/\mathrm{Re}(\mu_{i-1})} \tag{7-46}$$

$$\| \boldsymbol{Z}_i \|^2 / \| \boldsymbol{F}_i \|^2 \leqslant \zeta_z \tag{7-47}$$

$$\| \boldsymbol{S}_i \|^2 / \| \boldsymbol{E}_i \|^2 \leqslant \zeta_s \tag{7-48}$$

在 LRCF-ADI 方法中，式（7-39）~式（7-41）和式（7-42）~式（7-44）是分别独立计算的。式（7-39）~式（7-41）的全部计算完成后再进行式（7-42）~式（7-44）的计算。LU 分解在 $\boldsymbol{Z}$ 和 $\boldsymbol{S}$ 的计算过程中重复使用，花费了很多时间。另外，该方法取各因子的相对变化作为迭代终止条件，每次迭代均需计算相对变化，也需花费一定的时间。针对以上问题，提出面向目标的对偶低秩 Cholesky 因子交替方向隐方法（goal-oriented dual low rank Cholesky factor alternationg direction implicit，GDLRCF-ADI）方法，进一步减少模型降阶的时间，该方法从下述两方面改进 LRCF-ADI 方法。

7.1.3.1　应用对偶特点改进 LRCF-ADI 方法

利用李雅普诺夫方程彼此对偶的特点减半 LRCF-ADI 方法中 LU 分解的次数，即每次迭代中通过一次 LU 分解同时计算 $\boldsymbol{E}_i$ 和 $\boldsymbol{F}_i$。式（7-39）～式（7-41）中需 LU 分解的部分 $(\boldsymbol{A}^{\mathrm{T}}+\mu_i\boldsymbol{I})^{-1}$ 可写为：

$$(\boldsymbol{A}^{\mathrm{T}}+\mu_i\boldsymbol{I})^{-1}=(\boldsymbol{A}+\overline{\mu}_i\boldsymbol{I})^{-\mathrm{T}} \tag{7-49}$$

显而易见，$(\boldsymbol{A}+\overline{\mu}_i\boldsymbol{I})$ 与式（7-39）～式（7-41）中需 LU 分解的部分 $(\boldsymbol{A}+\mu_i\boldsymbol{I})$ 的差别在于 μ_i 与 $\overline{\mu}_i$，但这并不影响 LU 分解次数的减半。原因是 ADI 参数以共轭复数对的形式成对出现，μ_i 与 $\overline{\mu}_i$ 都是 ADI 参数，也就是说式（7-39）～式（7-41）中其实包含了对 $(\boldsymbol{A}+\mu_i\boldsymbol{I})$ 和 $(\boldsymbol{A}+\overline{\mu}_i\boldsymbol{I})$ 的 LU 分解，只是计算顺序与式（7-42）～式（7-44）的不同；同理，式（7-42）～式（7-44）也是同样的情况。因此，LRCF-ADI 方法中 LU 分解分别在式（7-39）～式（7-41）与式（7-42）～式（7-44）的计算过程中被重复使用的目的仅仅是变换对偶方程 ADI 共轭复数对的顺序。

基于上述分析，对偶 LRCF-ADI 方法的基本思路为：在某次迭代中，当式（7-39）～式（7-41）对 $(\boldsymbol{A}+\mu_i\boldsymbol{I})$ 进行 LU 分解完成后，在式（7-42）～式（7-44）中通过简单的前推回代就可以获得与之相同的 LU 分解因子；完成了式（7-39）～式（7-41）中全部的 LU 分解，也就同时完成了式（7-42）～式（7-44）中全部的 LU 分解，这样就能够实现 LU 分解次数减半。式（7-50）～式（7-56）描述了对偶 LRCF-ADI 方法的迭代过程。

$$[\boldsymbol{L}_\Delta,\boldsymbol{U}_\Delta]=\mathrm{lu}(\boldsymbol{A}+\mu_1\boldsymbol{I}) \tag{7-50}$$

$$\boldsymbol{F}_1=\alpha_1\boldsymbol{U}_\Delta^{-1}\boldsymbol{L}_\Delta^{-1}\boldsymbol{B},\boldsymbol{E}_1=\alpha_1\boldsymbol{L}_\Delta^{-\mathrm{T}}\boldsymbol{U}_\Delta^{-\mathrm{T}}\boldsymbol{C}^{\mathrm{T}} \tag{7-51}$$

$$[\boldsymbol{L}_\Delta,\boldsymbol{U}_\Delta]=\mathrm{lu}(\boldsymbol{A}+\mu_i\boldsymbol{I}) \tag{7-52}$$

$$\boldsymbol{F}_i=\alpha_i[\boldsymbol{I}-(\mu_i+\overline{\mu}_{i-1})\boldsymbol{U}_\Delta^{-1}\boldsymbol{L}_\Delta^{-1}]\boldsymbol{F}_{i-1} \tag{7-53}$$

$$\boldsymbol{E}_i=\alpha_i[\boldsymbol{I}-(\mu_i+\overline{\mu}_{i-1})\boldsymbol{L}_\Delta^{-\mathrm{T}}\boldsymbol{U}_\Delta^{-\mathrm{T}}]\boldsymbol{E}_{i-1} \tag{7-54}$$

$$\boldsymbol{Z}_1=\boldsymbol{F}_1,\boldsymbol{Z}_i=[\boldsymbol{Z}_{i-1},\boldsymbol{F}_i] \tag{7-55}$$

$$\boldsymbol{S}_1=\boldsymbol{E}_1,\boldsymbol{S}_i=[\boldsymbol{S}_{i-1},\boldsymbol{E}_i] \tag{7-56}$$

其中，$\mathrm{lu}(\ )$ 表示 LU 分解，$[\boldsymbol{L}_\Delta,\boldsymbol{U}_\Delta]$ 为 LU 分解结果。

7.1.3.2　面向目标的 LRCF-ADI 方法

如何终止迭代以接受当前迭代精度是迭代算法中最为关键的问题。在 LRCF-ADI 方法中，归一化残差或各因子的相对变化常被用来作为判断迭代终止的条件，在每次迭代中都需进行复杂计算来实现，这类判断条件很耗时。同时，研究发现，LRCF-ADI 方法即便无法收敛，降阶模型的精度可能也会很高。也就是说，李雅普诺夫方程解的精度通常与降阶模型的精度无关，通过 LRCF-ADI 方法的多次迭代获得李雅普诺夫方程精确解的实用意义不大。为此，本章所用 ADI 方法不再使用经典迭代终止条件，而是在对偶 LRCF-ADI 方法的基础上使用面向目标的迭代终止条件。

Gramian 平衡截断根据奇异值大小进行模型降阶，目标是尽可能精确地找到奇异值的主导部分，使这些奇异值描述的系统主要动态行为反映到降阶模型中。基于这个目标，对偶 LRCF-ADI 方法可选择奇异值变化率作为迭代终止的判断条件，当矩阵 $\boldsymbol{S}^{\mathrm{T}}\boldsymbol{Z}$ 的奇异值变化率小于某一误差时，停止对偶 LRCF-ADI 迭代，可在结果中寻找主导奇异值。

在 GDLRCF-ADI 方法中，矩阵 $\boldsymbol{S}^{\mathrm{T}}\boldsymbol{Z}$ 的奇异值按照由大到小的顺序依次排列，奇异值个数与 $\boldsymbol{Z}$ 或 $\boldsymbol{S}$ 的列数相等；系统其他奇异值无法获得，且在已获得的奇异值中非主导部分的精度较低。这些并不影响模型降阶的进行，精确计算得到非主导奇异值也没有实际意义。

另外，实际降阶模型的阶数 ℓ 一般小于 $\boldsymbol{S}$ 或 $\boldsymbol{Z}$ 的列数，根据这一特点，可在 GDL-RCF-ADI 方法中输入降阶模型的预期阶数 k。只有在迭代次数超过 k 时，进行奇异值计算，然后使用奇异值变化率判断是否终止迭代。这样的处理可以避免每次迭代都进行奇异值及其变换率的计算，进一步节省降阶模型的获取时间。

一旦描述电力系统动态行为的电压预测模型发生变化，GDLRCF-ADI 方法可以加速模型降阶的处理，及时更新平衡降阶模型。

7.1.4　算例分析

为了验证受端主网架电压控制动态模型降阶技术，对某省级实际受端主网架进行分析，形成相应的动态模型，模型阶数为 365，控制量个数为 117。对该受端主网架进行 Gramian 平衡降阶，求得 Gramian 平衡变换矩阵 $\boldsymbol{T}$ 和 Hankel 奇异值矩阵 $\boldsymbol{\Sigma}$。

从 Hankel 奇异值的能量角度分析，前 49 个状态的能量占总能量的 99.17%，也就是说，前 49 个状态变量能够描述系统的绝大部分动态行为，因此可以截断其余的状态变量，构成 49 阶降阶模型；而前 40 个状态变量的能量占总能量的 90.10%，状态变量占总能量的占比越小，降阶模型的阶数越低，降阶模型动态行为偏差越大。

为便于比对平衡系统与原系统的在描述动态行为方面的一致性，对比了原模型与平衡模型之间，在相同扰动下恒定控制中同一状态量和输出量的动态曲线，如图 7-1 所示。从图 7-1 中可以看出，原模型及其平衡模型的动态曲线完全重合，验证了平衡系统有着与原系统完全一致的动态行为。

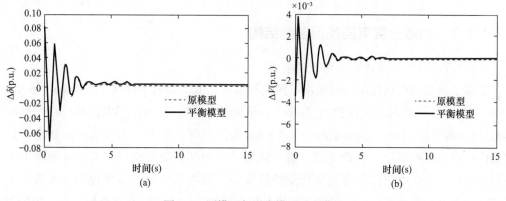

图 7-1　原模型与平衡模型动态曲线

(a) 功角；(b) 电压

为便于比对不同阶数降阶模型的动态行为，对比了原模型、49 阶降阶模型、40 阶降阶模型在相同扰动下恒定控制中同一状态量和输出量的动态曲线，如图 7-2 所示。从图 7-2 可以发现，相比原模型，49 阶降阶模型功角及电压幅值误差很小，状态变量和输出变量的频域响应几乎一致；当阶数降至 40，状态变量和输出变量的幅频响应与 49 阶降阶模型相比，误差明显变大，动态过程也出现失真现象。因此，在适当降阶阶数时，Gramian 平衡降阶技术能够大幅降低动态模型的维数，降阶模型状态变量和输出变量的频域响应几乎与原模型一致。

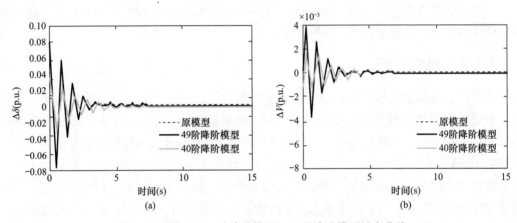

图 7-2　原模型、49 阶降阶模型、40 阶降阶模型动态曲线

(a) 功率因数角；(b) 电压

在时间花费方面，传统直接法需 235.1s，LRCF-ADI 方法需 164.5s，GDLRCF-ADI 方法需 76.3s。相比 LRCF-ADI 方法和传统直接法，GDLRCF-ADI 方法的优势非常明显。

7.2　受端主网架的动态分层电压预测控制技术

7.2.1　动态分层电压预测控制结构

7.2.1.1　动态分层电压预测控制概述

受端主网架的电压控制一般采用三级控制结构，由一级电压控制（auto-voltage regulator，AVR）、二级区域电压控制（secondary voltage regulator，SVR）和三级全局电压控制（tertiary-level voltage regulator，TVR）递阶实现。其中，二级电压控制是通过为区域内所有电压控制器计算设定值，进行协调这些局部控制器动作，来保证电网电压安全稳定运行；三级电压控制通过优化潮流计算为二级电压控制确定优化参考轨迹。电力系统测量和通信技术的发展，证实了采用分层协调控制的合理性和必要性。在三级控制结构中，SVR 是突破局部电压控制的关键所在，是连接 AVR 和 TVR 的关键环节，也是受端主网架电压控制的主要方式与核心研究方向。本节中，将二级区域电压控制 SVR 作为对象。目前，二级区域电压控制 SVR 大都是基于潮流方程进行的，很难描述电力系统的动态行为，导致对在到达事故后稳定运行点过程中失去稳定的情况考虑不足。在上一节中已经述及，为了适应受端主网架的安全稳定环境，需要使用动态模型进行控制。

将模型控制用于二级区域电压控制之中，由于 SVR 参考轨迹更新时间长，很难及时反映网络结构和运行状况。因此，为解决上述问题，针对在 SVR 的控制结构，本节提出在时间与空间上解耦的分层电压预测控制模型，建立轨迹更新控制（trajectories update control，TUC）子层和电压预测控制（voltage predictive control，VPC）子层的双子层电压预测控制模型，进一步构建受端主网架的动态分层电压预测控制技术。

本节介绍的该受端主网架的动态分层电压预测控制技术是基于模型控制的，属于动态模型控制范畴。与上节介绍的受端主网架电压控制的动态模型降阶技术不同的是，本节的动态分层电压预测控制技术对模型结构进行了改进，将 SVR 的控制结构转化为双子层电压控制模型，建立预测模型反映系统动态行为，动态修正预测控制参考轨迹，保证VPC 子层中动态追踪优化过程的控制性能。动态分层电压预测控制技术的侧重点在于动态分层电压预测控制的模型构建与优化，而上一节介绍的电压控制动态模型降阶的侧重点在于单层动态模型的化简求解。

7.2.1.2 动态分层电压预测控制的具体结构

针对二级电压控制，受端主网架双子层电压预测控制的控制结构如图 7-3 所示。与基

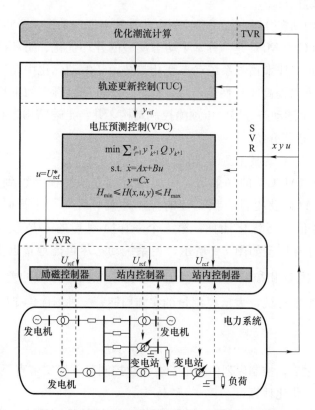

图 7-3 受端主网架的动态分层电压预测控制结构

于潮流方程实施的传统二级电压控制相比，受端主网架双子层电压预测控制的控制结构既满足电网运行的安全稳定性，又能及时反映网络实际状态。图 7-3 中 y_{ref} 是控制参数的输出参考（母线电压目标值）；y_{k+y} 是 $k+i$ 点中控制参数的输出量；Q 是系数矩阵；u 是母线电压值；U_{ref} 是一级电压控制的参考值（母线电压目标值）；x、y、A、B、C 的含义与式（7-23）～式（7-24）的含义相同。

从图 7-3 中可见，动态分层电压预测控制结构包括轨迹更新控制（TUC）和电压预测控制（VPC）两个子层。由于 TVR 中优化潮流计算所下发的参考轨迹通常数小时更新一次，无法保证参考轨迹与系统实际状态一致。因此，为保证 VPC 子层的控制性能，依据电网实际动态修正预测控制参考轨迹（即无功功率和电压轨迹），在 SVR 中，增建 TUC 子层。任何引起系统动态行为变化的重要事件，都可以启动 TUC 计算参考轨迹 y_{ref}，而无重要事件时以固定时间更新参考轨迹。

VPC 子层的控制是一个动态追踪优化过程，建立以自动电压调节器（automatic voltage regulator，AVR）的电压设定值为控制量 u 的预测模型反映系统动态行为，追踪 TUC 子层下发的参考轨迹，通过协调各局部控制器，实现全系统的最优控制。VPC 子层能够预测系统未来动态行为的变化趋势，使得实施的控制可以提前响应系统动态行为的变化，有利于系统安全稳定运行。

在受端主网架的动态分层电压预测控制中，其基本原理是模型预测控制（model predictive control，MPC）。MPC 是一种基于动态模型的开环优化、闭环控制方法，其优势在于：①应用多步预测技术预测系统动态变化趋势；②滚动优化中允许直接考虑状态及输入输出约束，可以提高闭环性能，鲁棒性好；③可以提高闭环性能，鲁棒性好；④控制目标、约束甚至动态模型很容易调整。MPC 用于上述动态分层电压预测控制结构，并与上述结构之间相互联系、相互影响。下面对 MPC 进行介绍。

7.2.1.3　用于 VPC 的模型预测控制原理

模型预测控制（MPC）的一般思路是：通过建立预测模型得到系统未来一段时间内的动态行为，以此获得具有预见性的控制序列。在每个采样时刻（采样周期为 T_s）都要根据采样值进行优化计算，第 k 个采样时刻 t_k 的 MPC 求解有限预测时域 T_P 内预定的优化计算原理如图 7-4 所示，使系统动态尽可能地接近参考轨迹。图 7-4 中，$\hat{x}$ 和 $\hat{u}$ 分别为状态量和控制量的预测值；h 为系统微分方程的差分化时间；T_p 为预测时域；T_C 为控制时域，表示控制量的实施周期。t_k 时刻优化变量序列如式（7-57）所示：

$$[u_k,x_{k+h},\cdots,u_{k+T_C-h},x_{k+T_C+h},x_{k+T_C+2h},\cdots x_{k+T_P}]^T \tag{7-57}$$

完成该次求解之后，控制序列中的第一组优化控制量下发实施直至下一个采样时刻，序列随之平移，重复优化计算。

在模型预测控制的过程中，采用采样、优化、下发的控制模式。控制模式中，优化

计算周期 T_0、采样周期 T_s、差分化时间 h 的设置方式有两种：

（1）模式1：优化计算周期 T_0、采样周期 T_s、差分化时间 h 三者相等，即在控制时域内，状态量和控制量的变化是同步的，即在每个差分化时间节点变化一次。

（2）模式2：优化计算周期 T_0、采样周期 T_s、差分化时间 h 三者互不相等，即使用采样多次、优化一次、灵活下发电压设定值的控制模式，将采样周期 T_s 从优化计算中分离，同时使用不同时间尺度描述系统状态量和控制量的变化。

在动态分层电压预测控制结构的 VPC 子层中，可优先考虑采用第二种设置模式，即优化计算周期 T_0、采样周期 T_s、差分化时间 h 三者互不相等。主要原因是：

（1）模式1中系统采样周期短，预测模型维数高，每次采样都进行优化计算难度大，同时，若 VPC 的设定值频繁下发会影响 AVR 维持电网局部稳定的功能。因此，在 VPC 中，模式2建立一种采样多次、优化一次、灵活下发的控制模式以适应电压分层预测控制。

（2）在 VPC 中，若差分化时间 h 与采样周期 T_s 相等，会导致 T_s 很小，进而使得预测时域 T_p 较短，将影响预测精度。通常，若预测步数为 p，则预测时域 $T_p = pT_s$，虽然增加预测步数能够延长预测时域，但多步预测模型构成的等约束条件的个数会极大增加。同理，若差分化时间 h 与优化计算周期 T_0 相等，则导致 VPC 中 T_0 时间很短，进而降低预测模型的精度。

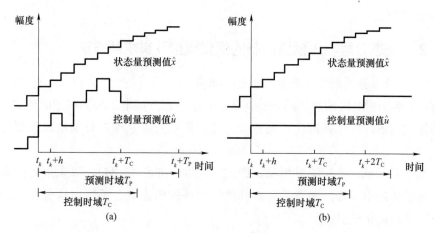

图 7-4　模型预测控制原理图

（a）时间参数相等设置模式；（b）时间参数不相等设置模式

模型预测控制的主要步骤为模型预测、滚动优化、反馈校正。

（1）预测模型。MPC 是根据受控对象数学模型获得未来动态行为的一种优化控制算法。预测模型一般是以受控对象的物理特性为基础所建立的微分方程，将其离散化后，就建立了系统当前时刻与未来时刻的关系；另外预测模型还有传递函数、实验模型等形式。通过系统当前时刻的采样值及离散化预测模型，就可以得到系统未来的动态行为。

（2）滚动优化。MPC 通过动态预测模型获得系统未来时段的动态行为。滚动优化是指在每一个采样间隔都要根据系统状态量的采样值计算一定预测步数（预测时域）内的动态行为。随着时间的推移，预测时域随之推移，在线优化也不断进行，这是 MPC 优化与传统优化的区别所在，预测时域可以是单步的，也可以是多步的。MPC 不仅考虑系统未来的动态行为，还需考虑系统状态和输入约束；同时，用户也可以在线调整 MPC 中系统的约束条件甚至是动态模型。因此，MPC 所形成的是约束条件不断变化的非线性优化问题，需滚动求解。

（3）反馈校正。MPC 在一个采样间隔内，优化得到系统多步预测的状态量和控制量。尽管预测控制通过系统的数学模型可以得到系统未来的动态行为，但由于外界干扰和模型与实际系统存在偏差，每次只取当前时刻所对应最优控制量作为系统的输入，到下一采样时刻，通过比较采样值与预测值之间的偏差修正预测模型，重新优化，这就是反馈校正的含义。反馈校正的目的就是提高预测模型的精度，准确预测系统未来动态行为。在预测控制的理论研究中，经常假设系统所有的动态行为都被模型的动态行为所包含，这时候，一般不再明确地引入反馈校正；在用状态空间模型进行预测控制时，一般不再采用反馈校正，而是经常采用状态反馈的方法，形成所谓的"闭环优化预测控制"。因此，本节的动态分层电压预测控制结构中不考虑反馈校正环节。

7.2.2　动态分层电压预测控制的优化模型及其求解方法

7.2.2.1　动态分层电压预测控制的优化模型

目前，VPC 中 MPC 需解决的主要问题有：①动态分层电压预测模型的建立；②快速求解滚动优化问题，以计算最优控制量。为此，要首先建立动态分层电压预测控制的优化模型。

本节基于 Gramian 平衡降阶模型，即式（7-23）和式（7-24），以未来时间窗内电压与参考轨迹偏移最小为目标函数，考虑其他约束条件构建电力系统电压分层预测控制的多步预测－滚动优化模型：

$$\min J = \sum_{\tau=1}^{p} \left[\begin{bmatrix} \boldsymbol{y}(\tau+1) \\ \boldsymbol{u}(\tau) \end{bmatrix}^{T} \begin{bmatrix} \boldsymbol{Q} & 0 \\ 0 & \boldsymbol{R} \end{bmatrix} \begin{bmatrix} \boldsymbol{y}(\tau+1) \\ \boldsymbol{u}(\tau) \end{bmatrix} \right] \tag{7-58}$$

$$\tilde{\boldsymbol{x}}(\tau+1) = \tilde{\boldsymbol{A}}\tilde{\boldsymbol{x}}(\tau) + \tilde{\boldsymbol{B}}\boldsymbol{u}(\tau) \tag{7-59}$$

$$\boldsymbol{y}(\tau+1) = \tilde{\boldsymbol{C}}\tilde{\boldsymbol{x}}(\tau+1) \tag{7-60}$$

$$\tilde{\boldsymbol{x}}_{\min} \leqslant \tilde{\boldsymbol{x}}(\tau+1) \leqslant \tilde{\boldsymbol{x}}_{\max} \tag{7-61}$$

$$\boldsymbol{y}_{\min} \leqslant \boldsymbol{y}(\tau+1) \leqslant \boldsymbol{y}_{\max} \tag{7-62}$$

$$\boldsymbol{u}_{\min} \leqslant \boldsymbol{u}(\tau) \leqslant \boldsymbol{u}_{\max} \tag{7-63}$$

式中　τ——预测步数，取值为 1，2，3，…；

$\tilde{x}(\tau+1)$——状态量的预测值；

$y(\tau+1)$——输出量的预测值；

$u(\tau)$——控制量的预测值；

$\tilde{x}_{\min}$——状态量的最小限值，$\tilde{x}_{\min}=PTx_{\min}$；

$\tilde{x}_{\max}$——状态量的最大限值，$\tilde{x}_{\max}=PTx_{\max}$；

$y_{\min}$——输出量的最小限值；

$y_{\max}$——输出量的最大限值；

$u_{\min}$——控制量的最小限值；

$u_{\max}$——控制量的最大限值。

式（7-59）和式（7-60）为式（7-63）和式（7-64）采用欧拉公式进行状态预测的差分化形式。从式（7-59）和式（7-60）可见，状态量预测值 $\tilde{x}(\tau+1)$ 和输出量预测值 $y(\tau+1)$ 采用循环迭代方式并根据其上一步的预测值得到。为此，在上述模型中，要首先确定第 1 步的状态量预测值 $\tilde{x}(1)$。$\tilde{x}(1)$ 即为降阶系统状态量采样值，$\tilde{x}(1)=PTx(1)$；

t 时刻，模型所包含的 p 步优化变量 v 如式（7-64）所示。

$$v=[u_t(0),\tilde{x}_t(1),u_t(1),\tilde{x}_t(2),\cdots,u_t(p-1),\tilde{x}_t(p)]^{\mathrm{T}} \tag{7-64}$$

式中　$u_t(\tau)$ 和 $\tilde{x}_t(\tau+1)$——t 时刻的控制量预测值 $u(\tau)$ 和状态量的预测值 $\tilde{x}(\tau+1)$，其中 $\tau=0$，1，2，3，$\cdots$，$p-1$。

基于平衡 Gramian 电力系统电压预测控制的多步预测-滚动优化模型极大地减少了每一步的约束条件式（7-59）和式（7-61）个数。

时刻 t 下，基于动态模型的非线性电压预测控制的实施过程为：获取状态量、控制量和代数量的采样信息；确定当前时刻待解的优化问题和优化变量的迭代初值；应用内点数值算法，求解优化问题；取最优解中的第一步全局最优控制值，即电压设定值，作为预测控制器的输出，实施闭环控制。待下一次优化计算的时刻 $t+1$，重复上述过程，实现滚动优化。

7.2.2.2　多步预测—滚动优化问题求解

在实际应用中，模型预测控制需要解决的问题是，在采样间隔内快速求解动态优化问题以获得最优控制量，其中内点法是传统的求解方式。在内点法求解过程中，可采用应用温启动技术减少内点法迭代次数。设相邻两次实施预测控制的时刻为 $t-1$ 及 t，在时刻 $t-1$，取最优解 m_{t-1}^* 中的第一步全局最优控制值 u_{t-1}^* 作为该时刻下预测控制器输出，m_{t-1}^* 中其他优化变量的最优值可作为下一时刻优化计算的迭代初值；时刻 t，在应用内点法求解该时刻对应的优化问题前，可根据时刻 $t-1$ 的优化结果 m_{t-1}^* 确定优化变量的迭代初值 m_t^{int}。m_t^{int}，m_{t-1}^* 可表示为：

$$\begin{cases} m_{t-1}^*=[u_{t-1}^*,x_t^*,y_t^*,u_t^*,\cdots,x_{t-1+p}^*,y_{t-1+p}^*]^{\mathrm{T}} \\ m_t^{\mathrm{int}}=[u_t,x_{t+1},y_{t+1},u_{t+1},\cdots,x_{t+p},y_{t+p}]^{\mathrm{T}} \end{cases} \tag{7-65}$$

其赋值过程为：在 m_t^{int} 中，令 $[u_t, \cdots, x_{t+p-1}, y_{t+p-1}]^{\text{T}} = [u_t^*, \cdots, x_{t-1+p}^*, y_{t-1+p}^*]^{\text{T}}$；$m_t^{\text{int}}$ 中还未赋值的优化变量为 $a = [u_{t+p-1}, x_{t+p}, y_{t+p}]^{\text{T}}$，$a$ 的赋值仅需满足约束条件，可以有很多选择，不同的初值对应的迭代次数可能会有些差异，但对最优解影响不大。

实施上述温启动后，若 m_{t-1}^* 满足约束条件，则 m_t^{int} 也将满足，因此迭代次数就会减少。对非线性电压预测控制方法进行仿真时发现：未使用温启动时，求解优化问题的平均迭代次数为 17；使用温启动后，平均迭代次数为 5，且优化结果没有改变。这说明温启动技术的应用能够有效地减少内点法迭代次数。

内点法迭代终止条件为：对偶间隙足够小或迭代次数达到最大值 N^{max}。一般情况下，N^{max} 的设置只是在优化模型无法收敛时防止死循环，其选值为 50，对仿真结果的影响较小；若优化模型收敛，对偶间隙足够小就可以作为迭代终止条件，几乎不会使用到迭代次数达到最大值 N^{max} 这一迭代终止条件，计算终止时迭代次数一般也远小于 N^{max}。

为进一步减少内点法求解时间，在使用温启动的基础上，选择将 N^{max} 选值区间压缩为 [5，10]，使其接近迭代终止条件为对偶间隙足够小情况下的迭代次数。这样的选择可能会出现如下情况：对偶间隙还未达到误差要求，迭代次数已经等于 N^{max}，迭代终止。上述情况的迭代结果也可以用于模型预测控制中：一方面，温启动技术使所有优化变量初值均满足约束条件，即便迭代因 $N = N^{\text{max}}$ 终止，此时优化变量的值也满足约束条件，且与最优解的距离不远；另一方面，t 时刻优化计算完成后，MPC 仅取结果中的第一步控制量的值 u_t 实施闭环控制，其多步预测-滚动优化技术能够保证 u_t 不会对系统未来动态行为产生不利影响。因此，在温启动技术的基础上，选取对偶间隙足够小或较小的 N^{max} 作为迭代终止条件是合理可行的。

7.2.2.3 相关参数设置和电压设定值的下发控制

预测控制主要参数有预测步数 p、差分化时间 T_d、预测时间窗长 $T_c(T_c = pT_d)$。

（1）T_d 不变的情况下，随着 p 的增加，可考虑更长时间窗下系统的动态行为，获得较好的控制效果。但需处理的约束条件个数与 p 成正比，优化问题的规模变大，求解优化问题花费的时间变长。

（2）p 不变的情况下，随着 T_d 的减少，可考虑更细时间尺度下系统的动态行为，设定值下发也变得更加频繁，但各控制器接收到预测控制所发设定值后，需花费一定的时间追踪，这就要求设定值不能频繁下发，否则影响控制性能，可能会加重系统的波动程度，延长系统波动时间；同时，预测时间窗变短，可能会影响预测控制器对系统未来动态行为变化趋势的判断。

（3）p 和 T_d 的选择是相互影响的，T_d 的设置还需注意避免设定值频繁下发问题，因此，预测控制相关参数设置需统筹考虑。目前主要通过仿真计算来选取，暂无一般规律可循。另外，每次下发的设定值波动范围不能太大，否则，电压易出现过调现象。为进一步避免设定值频繁下发以及波动范围过大，本文定义设定值下发阈值区间 $[\xi_{\min}, \xi_{\max}]$，前一次下发的设定值与待下发设定值之间的偏差落在阈值区间内，可以下发，否则不予下发。

7.2.3 算例分析

场景设置：系统在 $0 \sim 10.1\mathrm{s}$ 时间段内正常运行，在 $10.1\mathrm{s}$ 时刻，负荷以每 $10\mathrm{s}$ 按 10% 的幅度持续增加；在 $25\mathrm{s}$ 时刻各负荷停止增加；至 $60\mathrm{s}$ 系统仿真结束。相关参数选择如下：$h=2\mathrm{s}$，$p=4$，$T_p=8\mathrm{s}$。

上述场景下，部分发电机和负荷电压及其设定值仿真曲线如图 7-5 和图 7-6 所示，两者的区别在于 TUC 子层下发的参考轨迹不同。在 TUC 子层，设定不同的优化目标或约束条件，可获得不同的参考轨迹。图 7-5 和图 7-6 中，G1～G5 分别表示发电机名称，L1～L4 分别表示负荷名称。

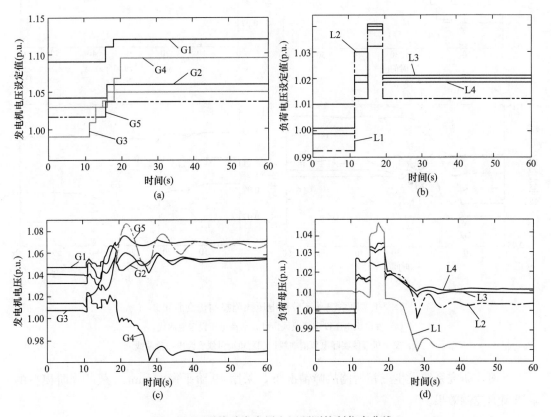

图 7-5 原系统动态发层电压预测控制仿真曲线 1

(a) 发电机电压设定值曲线；(b) 负荷电压设定值曲线；

(c) 发电机母线实际电压值曲线；(d) 负荷母线实际电压值曲线

从图 7-5 和图 7-6 中不难看出，发电机 G1、G2、G3 和 G5 的电压能够及时追踪设定值的上升，这些电压稳定值较大于初始值，这是由于共同分担增加的负荷造成的，也是 VPC 协调的目标——保证全局电压稳定；G4 的设定值持续上升，但由于负荷的持续增加,其电压并没有上升;SVC与发电机相互协调,使得在负荷持续增长的情况下,负荷和发电机节点电压没有持续下降,并维持在可接受的水平。因此,基于动态分层模型的电压预测控制能够根据系统未来时间窗内的动态行为变化趋势及时调整发电机和负荷的电压设定值,提前响应系统可预见的变化,维持全局电压稳定,保证电网安全稳定运行。

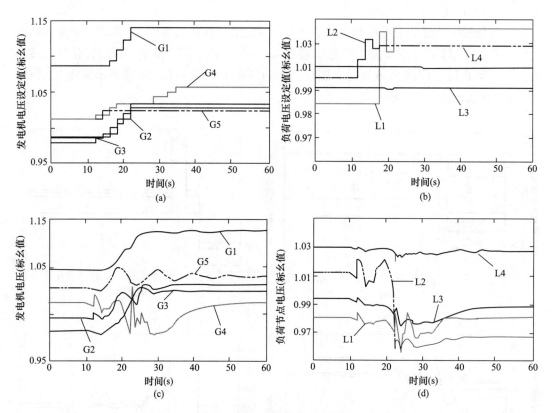

图 7-6 原系统动态分层电压预测控制仿真曲线 2

(a) 发电机电压设定值曲线;(b) 负荷电压设定值曲线;

(c) 发电机母线实际电压值曲线;(d) 负荷母线实际电压值曲线

下面,研究系统发生三相短路故障情况下,采用 49 阶平衡 Gramian 截断降阶模型的电压预测控制效果。

场景设置如下:系统在 0～1s 时间段内正常运行,在仿真时间 1s 时刻,某条线路发生瞬时性三相短路故障;故障线路在 1.1s 被保护切除,1.2s 时刻重合闸成功,线路恢复正常运行。仿真曲线如图 7-1 所示,控制参数为 $h=1s$,$p=2$,$T_p=2s$。

从图 7-7 中不难看出,当系统发生大的扰动后,相关状态变量出现大幅度的变化,基于 49 阶平衡 Gramian 截断降阶模型的电压预测控制仍然有效,可以维持系统稳定运行。图 7-7 中,G1～G5 分别表示发电机名称,L1～L4 分别表示负荷名称。

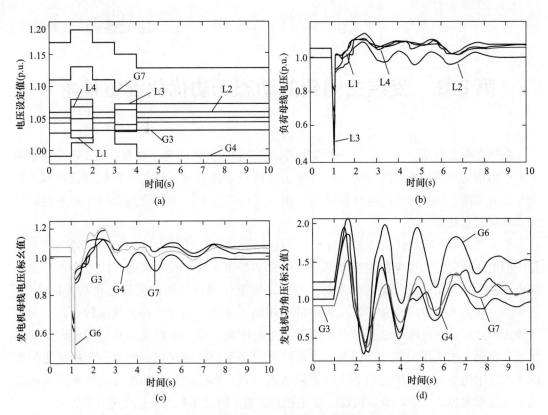

图 7-7　49 阶降阶系统的动态分层电压预测控制仿真曲线 3

（a）发电机电压设定值曲线；（b）负荷电压设定值曲线；

（c）发电机母线实际电压值曲线；（d）负荷母线实际电压值曲线

第8章　受端主网架的动态无功优化配置技术

在第 2 章已叙及，电压稳定是受端主网架安全稳定问题的集中体现，而支撑受端主网架电压稳定的关键技术有两个方面，分别为电压稳定控制技术和无功优化配置技术。第七章已对受端主网架的动态电压控制技术进行了详细介绍，本章重点介绍受端主网架的无功优化配置技术。

受端主网架无功优化配置技术是指，通过对无功电源进行合理配置，保障电网在运行中的电压稳定。无功电源包括动态无功电源和静态无功电源。在实际工程中，静态无功电源的无功补偿效果较差，通常每个变电站的低压侧母线均配置静态无功补偿装置；近年来，动态无功电源是在实际工程中的应用越来越多，其无功补偿效果较好，但为了节约成本，通常在电网中选择某些关键节点进行配置。相比于静态无功电源而言，动态无功电源是未来应用的重点，因此，本章针对动态无功电源配置，以动态无功优化配置的工程应用为导向，从确定动态无功配置备选节点、选择动态无功配置具体地点、确定动态无功配置容量三个环节，构建一套完善的受端主网架动态无功优化配置技术。

8.1　技术原理与基本流程

8.1.1　技术原理

目前，动态无功优化配置技术在工程应用中存在的问题主要有三个方面，分别是：①动态无功优化配置的方案获取时间较长，即动态无功优化配置方法的复杂度较高，这主要表现为动态无功优化配置方法在选择配置地点的时间过长，进而导致动态无功优化配置方法在工程应用中的计算效率较低，特别在大规模主网架中难以实际应用；②动态无功优化配置方案对暂态电压的恢复效果有待进一步优化，其中，动态无功配置地点是影响整个受端主网架暂态电压恢复效果的关键环节，即选择科学合理的动态无功配置地点能够提升受端主网架中暂态电压的整体恢复效果，而提升暂态电压恢复效果是动态无功优化配置技术不断改进的研究方向；③在实际工程的动态无功配置优化配置中，为满足电压支撑效果，常在人工经验或辅助工具所确定的配置容量的基础上，进一步根据设备情况留有一定容量裕度，导致动态无功的配置容量可能高于考虑裕度后的实际需求，即动态无功优化配置的经济性较差。

为了解决上述问题，本节针对动态无功电源的配置，构建一套较为完善的受端主网架动态无功优化配置技术。按照技术的先后顺序，包括确定动态无功配置备选节点、选择动态无功配置具体地点、确定动态无功配置容量三个环节。

（1）确定动态无功配置备选节点。该环节旨在选出受端主网架中的电压薄弱节点，将这些电压薄弱节点作为动态无功配置的备选节点并在备选节点中选择动态无功优化配置的具体地点，以实现对动态无功优化配置具备地点的快速选择，降低动态无功优化配置的时间，解决上述第一个问题，适用于大规模受端主网架的无功配置。相比于先选择配置地点、再确定配置容量的传统无功配置方而言，该环节是本章介绍的受端主网架的动态无功优化配置技术中的新增环节。

（2）选择动态无功配置具体地点。该环节旨在选出配置动态无功的具体地点，即在哪个或哪几个节点处配置动态无功电源。目前，通常通过对各节点进行指标计算，选择动态无功配置具体地点；其中，轨迹灵敏度指标是一种针对暂态电压恢复的动态无功配置节点选择指标。考虑到传统轨迹灵敏度指标在计算时，各指标的权重按照平均的方式获取，导致暂态电压恢复效果有待优化。为此，通过优化各指标权重获取方式可构建改进轨迹灵敏度指标，以解决上述第二个问题。

（3）确定动态无功配置容量。该环节旨在确定每个动态无功配置地点的具体配置容量，确定动态无功配置容量后，也即完成了动态无功优化配置。考虑到经济性优化和动态无功配置所需要实现的电压稳定，本环节中，将电压暂降转化为经济性指标并作为动态无功配置容量的经济性最优目标之一，利用电压暂降风险理论，确定最终配置容量，以解决上述第三个问题。

8.1.2　基本流程

受端主网架的动态无功优化配置技术包括确定动态无功配置备选节点、选择动态无功配置具体地点、确定动态无功配置容量三个环节，提升暂态电压恢复效果、优化无功配置经济性、降低技术应用难度。该技术的基本流程如图 8-1 所示。

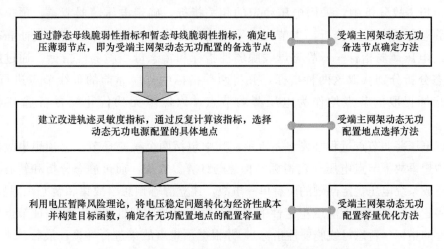

图 8-1　受端主网架动态无功优化配置的基本流程

从图 8-1 中可以看出，受端主网架的动态无功优化配置技术中的三大步骤（确定动态无功配置备选节点、确定动态无功配置具体地点、确定动态无功配置容量），对应的方法分别为：基于电压薄弱节点的动态无功配置备选节点确定方法、基于改进灵敏度指标的动态无功配置地点选择方法、基于电压暂降风险理论的动态无功配置容量优化方法，将分别在 8.2～8.4 节中介绍。

8.2 基于电压薄弱节点的动态无功配置备选节点确定方法

8.2.1 方法流程概述

在受端主网架中，以静止无功补偿器和静止同步补偿器等 FACTS 设备为代表的动态无功补偿装置的应用越来越广泛，在解决电压稳定问题方面的效果较好，其配置的电压等级也越来越高。由于目前的动态无功优化装置的配置成本太高，还不宜在实际电网中大量配置。对于大规模的受端主网架来说，网架结构复杂且母线众多，导致配置地点选择较为困难。因此，根据系统的薄弱环节确定电压稳定的薄弱区域（电压薄弱节点），将这些电压薄弱节点作为动态无功优化配置的备选节点，再针对备选进行深入分析以确定动态无功的具体配置地点。为此，首选要确定电压薄弱节点，即动态无功配置备选节点。

预想事故分析是一种搜索大规模电网中薄弱区域和严重故障的有效分析方法，该方法利用电力系统中的实时或离线信息，筛选出引起支路潮流过载、电压越限等危及系统安全运行的预想事故，并用相应的行为指标来表示事故对系统造成的危害程度，按危害程度顺序排序给出薄弱区域。由于对系统产生影响的预想事故只占整个预想事故集的一小部分，因而就不必对整个预想事故集逐个进行详尽的分析计算，可以大大节省计算时间，提升动态无功优化配置的整体速度。

具体而言，在确定动态无功配置备选节点时，由于其主要目标为保障电压稳定，因此在预想事故分析中，采用电压稳定的相关指标，确定电压薄弱节点。预想事故分析包括静态分析和暂态分析，本节同时采用这两种分析方法，分别建立表征静态和暂态的母线电压薄弱指标——静态母线脆弱性指标和暂态母线脆弱性指标。通过静态分析与暂态分析分别获取这两种指标，并将两种指标中排序靠前的母线节点进行提取，将两类指标提取的节点均作为电压薄弱节点，以保障无功优化配置备选节点的无遗漏。

确定电压薄弱节点过程如图 8-2 所示，其中包括两个核心环节：①预想事故集的建立；②预想事故下节点电压稳定指标的构建与计算。首先，通过静态分析和暂态分析分别确定造成系统电压稳定问题的所有单一事故，建立静态预想事故集和暂态预想事故集；然后，构建表征节点静态电压稳定性的指标（静态母线脆弱性指标）和表征节点暂态电压稳定性的指标（暂态母线脆弱性指标），并根据预想事故集进行计算；最后，通过预想事故下节点电压稳定指标值，筛选出最终的电压薄弱节点。

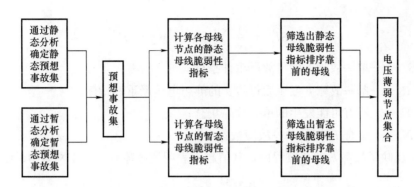

图 8-2　电压薄弱节点（动态无功优化配置备选节点）的确定流程

通常一种故障发生后，受端主网架中的母线电压会受到不同程度的影响，技术人员需要确定事故发生后母线电压的稳定性，进而识别导致母线电压稳定问题的所有故障；将所有可能引发母线电压稳定问题的单一事故进行归总，这些归总的单一事故即构成了预想事故集；在确定事故预想集后，要分别进行表征静态电压稳定和暂态电压稳定的相关指标计算，用于确认受端主网架中的电压薄弱节点。

由于静态预想事故集和静态母线脆弱性指标均属于静态分析范畴且两者逻辑关联性较大，而暂态预想事故集和暂态母线脆弱性指标均属于具暂态分析范畴且两者具有相关性，因此，下一节按照静态分析和暂态分析进行核心环节的介绍。

8.2.2　流程中的核心环节

8.2.2.1　静态分析

静态分析的目标是建立静态预想事故集以及计算各母线节点的静态母线脆弱性指标。

（1）静态预想事故集的建立。通过事故严重性分析，可搜索得到系统稳态下可能引起电压问题的静态 "$N-1$" 故障，并且识别其中较为严重的故障，同时根据它们的严重程度进行排序；事故发生后电力系统的不正常运行状态可用母线的过电压或低电压水平进行表述。根据《电力系统安全稳定导则》（GB 38755—2019）对于静态电压稳定的规定，母线电压偏差应维持在该母线稳态电压的 $0.95 \sim 1.05$，由此定义一种用来量化母线电压偏差程度的静态电压严重性指标（SI）：

$$SI_{vb}^{k} = \begin{cases} |U_b^0 - U_b^k| / U_b^0, & |U_b^0 - U_b^k| / U_b^0 \geqslant 0.05 \\ 0, & \text{else} \end{cases} \tag{8-1}$$

式中　SI_{vb}^{k}——单一故障 k 发生后母线 b 的静态电压严重性指标；

U_b^0——故障 k 发生前母线 b 的稳态电压；

U_b^k——故障 k 发生后母线 b 的稳态电压。

在计算出某一事故下全体母线的 SI 值之后，可获得该故障的静态事故严重性指标（$SCSI$），将其定义为该故障下所有电压越限母线的 SI_{vb}^{k} 的均值：

$$SCSI_k = \frac{1}{N_b} \sum_{b=1}^{N_b} SI_{vb}^k \quad \forall\, k \in F_0 \tag{8-2}$$

式中 $SCSI_k$——单一故障 k 的事故严重性指标;

SI_{vb}^k——单一故障 k 发生后母线 b 的静态电压严重性指标;

F_0——所有可能发生的单一故障集合;

N_b——集合 F_0 中的单一故障数量。

$SCSI_k$ 反映了故障 k 的严重程度,其值越大表明该故障对受端主网架中母线电压的影响越大。

利用式(8-2)计算出所有单一故障 k 的静态事故严重性指标 $SCSI_k$ 后,将其中 $SCSI_k$ 值较大的故障 k 均筛选出来,放入静态预想事故集 F_s。

(2)静态母线脆弱性指标的计算。建立静态母线脆弱性指标($SBVI$),该指标通过统计严重故障集发生情况下的电压偏移进行计算,计算公式如下:

$$SBVI_b = \frac{1}{N_{ks}} \sum_{k=1}^{N_{ks}} SI_{vb}^k \quad \forall\, b \in B, \forall\, k \in F_s \tag{8-3}$$

式中 $SBVI_b$——母线 b 的静态母线脆弱性指标;

SI_{vb}^k——单一故障 k 发生后母线 b 的电压严重性指标;

F_s——静态预想事故集;

N_{ks}——静态预想事故集中的事故个数;

B——受端主网架中节点集合。

静态母线脆弱性指标的含义是,所有故障发生后母线电压严重性指标的均值,指标值越大,该母线受到预想故障的影响越大,母线在静态电压稳定方面也就越薄弱。

8.2.2.2 暂态分析

暂态分析的目标是建立暂态预想事故集以及计算各母线节点的暂态母线脆弱性指标。

(1)暂态预想事故集的建立。受端主网架发生故障后的短暂瞬间及过渡过程一直是暂态事故分析的重点。对于母线电压来说,一次严重的故障可能导致较大的电压跌落或缓慢的电压恢复,从安全和电能质量的角度来说,这都是不被允许的。例如,故障后两个母线的电压瞬态变化过程如图 8-3 所示。图 8-3 中,表征暂态母线稳定性的特征有三个:①最大跌落电压;②低电压持续时间;③电压恢复到稳态的情况(能否恢复得到稳态以及恢复时间的大小)。从图 8-3 中的对比可得,母线 2 的三种特征明显占优,即母线 2 的暂态电压稳定性强于母线 1。

由此定义一种用来量化母线暂态电压过程的暂态电压严重性指标(DI):

$$DI_{vb}^k = (I_{vb}^k + I_{tb}^k)/t_{rb}^k \tag{8-4}$$

式中 DI_{vb}^k——单一故障 k 发生后母线 b 的暂态电压严重性指标;

I_{vb}^k——单一故障 k 发生时母线 b 的电压跌落指标;

I_{tb}^k——单一故障 k 发生时母线 b 的低电压持续指标;

t_{rb}^k——单一故障 k 发生时母线 b 的电压恢复时间。

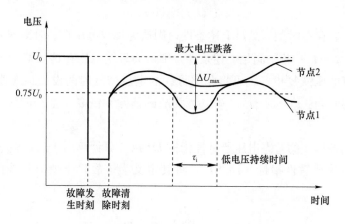

图 8-3　暂态故障后母线电压-时间曲线

I_{vb}^k、I_{tb}^k、t_{rb}^k 的求法如下：

1）电压跌落指标 I_{vb}^k：

$$I_{vb}^k = \left| U_b^0 - U_{b,d}^k \right| / U_b^0 \tag{8-5}$$

式中　U_b^0——故障发生前母线 b 的稳态电压；

$U_{b,d}^k$——为故障 k 发生后母线 b 电压最大跌落时刻电压值。

2）低电压持续时间指标 I_{tb}^k：

$$\tau_i = \begin{cases} t_{i+1} - t_i, & \forall t_1 \in (t_i, t_{i+1}) U(t_1) < 0.75 U_b^0 \\ 0, & \text{else} \end{cases} \tag{8-6}$$

$$I_{tb}^k = \sum_{i=1}^n \tau_i / (t_f - t_{cl}) \tag{8-7}$$

式中　I_{tb}^k——故障 k 发生后母线 b 低电压持续总时间占仿真时间的比例；

τ_i——指示变量，用来判断第 i 个周波内母线电压值是否低于故障前电压的 75%；

t_f——恢复至稳态或仿真结束时刻；

t_{cl}——故障消除时刻；

$U(t_1)$——t_1 时刻的电压值。

3）电压恢复时间 t_{rb}^k：母线电压能够恢复至稳态的判别条件如下。

a. 存在某一时刻 t_i 使电压序列的幅值变动减小：

$$\left| U(t_{i+1}) - U(t_i) \right| \leqslant \varepsilon \tag{8-8}$$

式中　ε——最小允许误差，可在实际应用中根据需要进行设定。

b. 存在某一时刻 t_i 使得电压序列在该时刻之后的均值等于常数：

$$\left| \sum_{j=i}^n U(t_j) / (n-i+1) - \sum_{j=i+1}^n U(t_j) / (n-i) \right| \leqslant \sigma \tag{8-9}$$

式中　σ——最小允许误差。

c. 对于任意时刻的电压值不得超过故障清除时刻的母线电压：

$$U(t_i) \geqslant U(t_{\text{cl}}) \tag{8-10}$$

若故障发生后存在时刻 t_k 满足上述条件，则认为母线电压在 t_k 时刻恢复至稳态，电压恢复时间为 $t_{rb}^k = t_i - t_{\text{cl}}$；若不满足上述条件，则认为母线电压在仿真结束之前无法恢复至稳态，为了计算电压恢复指标，可将此类母线的电压恢复时间设为最大值，即从故障清除到仿真结束的时间：$t_{rb}^k = t_f - t_{\text{cl}}$，其中 t_{rb}^k 为故障清除到恢复至稳态的时间，t_{cl} 为故障 k 的起始时刻。

在计算得到各母线的暂态电压严重性指标 DI 后，可计算用于表征整个系统暂态电压稳定性的暂态事故严重性指标（$DCSI$），将其定义为该故障下所有母线的 DI_b^k 的均值，计算公式如下：

$$DCSI_k = \frac{1}{N_b} \sum_{b=1}^{N_b} DI_b^k \quad \forall k \in F_0 \tag{8-11}$$

式中　$DCSI_k$——事故 k 的暂态事故严重性指标；

DI_b^k——单一故障 k 发生后母线 b 的暂态电压严重性指标；

F_0——所有可能发生的单一故障集合；

N_b——集合 F_0 中的单一故障数量。

动态事故严重性指标的含义是，暂态故障发生后所有母线电压严重性指标的均值。该指标值越大，该故障对系统电压的影响越大，即暂态事故严重性指标的大小可有效反映故障对系统电压的影响程度，是建立暂态预想事故集和计算改进轨迹灵敏度指标的基础。

利用式（8-2）计算出所有单一故障 k 的暂态事故严重性指标 $DCSI_k$ 后，将其中 $DCSI_k$ 值较大的故障 k 均筛选出来，放入暂态预想事故集合 F_d。

（2）暂态母线脆弱性指标的计算。表征暂态电压稳定性的暂态母线脆弱性指标（$DBVI$），应根据上述最大跌落电压、低电压持续时间、电压恢复到稳态的情况（能否恢复得到稳态以及恢复时间的大小）这三种特征建立，计算公式为：

$$DBVI_b = \frac{1}{N_{kd}} \sum_{k=1}^{N_{kd}} (I_{vb}^k + I_{tb}^k)/t_{rb}^k \qquad \forall b \in B, \forall k \in F_d \tag{8-12}$$

式中　$DBVI_b$——母线 b 的暂态母线脆弱性指标；

I_{vb}^k——单一故障 k 发生时母线 b 的电压跌落指标；

I_{tb}^k——单一故障 k 发生时母线 b 的低电压持续指标；

t_{rb}^k——单一故障 k 发生时母线 b 的电压恢复时间；

N_{kd}——暂态预想事故集 F_d 中的事故个数；

B——受端主网架中节点集合。

I_{vb}^k、I_{tb}^k、t_{rb}^k 的求法与上述 DI_b^k 中涉及的计算公式相同。暂态母线脆弱性指标的含义是，所有故障发生后母线暂态电压严重性指标的均值，指标值越大，该母线受到预想故障的影响越大，母线在暂态电压稳定方面也就越薄弱。

8.3　基于改进轨迹灵敏度的动态无功配置地点的选择方法

8.3.1　技术背景

早期对动态无功优化配置的研究方法上大致可分为两类：①基于模态分析的方法，如先导母线法、灵敏度法、参与因子法等；②基于潮流计算的方法，如构建以功率裕度提高为目标的无功配置模型等。从本质上看，这两类方法都是从保证静态电压稳定的角度进行分析的，对系统受扰动后的暂态电压考虑不足，也无法准确描述包括感应电动机、直流输电系统等快速响应设备的暂态过程；然而，对受端主网架而言，从暂态电压稳定角度选择动态无功配置地点更加合理。

其中，基于轨迹灵敏度指标（trajectory sensitivity index，TSI）的动态无功优化配置是一种能够保证系统暂态电压稳定的方法。基于TSI的动态无功优化配置方法主要思想是，逐步比较系统中每个母线节点的轨迹灵敏度指标，得到最佳的动态无功电源的配置地点。在实际受端主网架中，仅在一处进行动态无功电源配置的效果难以达到预期，往往需要多处同时配置动态无功电源才能体现出效果，即需要在受端主网架中选择若干主导节点配置动态无功电源，而通过寻找主导节点即可确定最佳配置地点。因此，在应用轨迹灵敏度指标进行计算时，需要针对每个主导节点均进行一轮计算，建立针对电压薄弱节点的多轮循环分析，直到动态无功配置具体地点的确定。

8.3.2　改进轨迹灵敏度指标

8.3.2.1　传统轨迹灵敏度指标

考虑多种故障的母线电压轨迹灵敏度如下所示：

$$I_{\text{TS}c} = \sum_{k=1}^{N_k} W_{\text{F}k} \times I_{\text{TS}k,c} \quad \forall c \in C, \forall l \in F \tag{8-13}$$

式中　$I_{\text{TS}c}$——母线 c 的轨迹灵敏度；

　　　C——动态无功配置的备选节点集合；

　　　F——故障集合；$F = F_s \bigcup F_d$（F_s 和 F_d 分别为静态事故集合和暂态事故集合）；

　　　N_k——故障数，即故障集合 F 中的元素数量；

　　　$W_{\text{F}k}$——故障 k 的权重；

　　　$I_{\text{TS}k,c}$——故障 k 下母线 c 的轨迹灵敏度，其定义为：

$$I_{\text{TS}k,c} = \sum_{b=1}^{N_b} W_b \left[\sum_{l=1}^{N_l} W_l \left(\frac{\partial U_b}{\partial Q_c} \right) \right] \tag{8-14}$$

式中　N_b——母线节点的总数；

　　　N_l——母线故障清除后的周波数；

W_b——母线 b 的权重；

W_l——t_l 时刻的时段权重；

U_b——母线 b 的电压；

Q_c——母线 c 注入的无功功率。

一般情况下，W_b 和 W_l 均为 1，对式（8-14）进行线性化处理可以得到 $I_{TSk,c}$ 的近似计算式（这里 Δt 足够小）：

$$I_{TSk,c} \approx \sum_{b=1}^{N_b}\Big[\sum_{l=1}^{N_l}\frac{U_b(t_l,Q_c+\Delta Q_c)-U_b(t_l,Q_c)}{\Delta Q_c}\cdot\frac{\Delta t}{\Delta t}\Big] \tag{8-15}$$

式中 ΔQ_c——在母线 c 注入的动态无功功率增量；

$U_b(t_l,Q_c)$——t_l 时刻在母线 c 注入动态无功功率前母线 b 的电压值；

$U_b(t_l,Q_c+\Delta Q_c)$——t_l 时刻在母线 c 注入动态无功功率后母线 b 的电压值。

假设 ΔQ_c 为常量，式（8-15）可变形得：

$$I_{TSk,c}\cdot\Delta Q_c\cdot\Delta t \approx \sum_{b=1}^{N_b}\Big[\int_{t_1}^{t_{N_l}}U_b(t_l,Q_c+\Delta Q_c)-U_b(t_l,Q_c)\mathrm{d}t\Big] \tag{8-16}$$

如图 8-4 所示，式（8-15）等号右侧求和符号里的元素表示在母线 c 处注入动态无功功率后母线 b 的 V-t 曲线的面积增量。因此，母线 c 的轨迹灵敏度可以看作是在母线 c 注入动态无功功率之后，各母线 V-t 曲线的面积增量之和再除以一个常数；无功功率注入后母线电压水平提升的幅度越大，V-t 曲线的面积增量越大，轨迹灵敏度的值也就越大。因此，在注入相同容量无功功率的情况下，轨迹灵敏度的大小可以反映在该母线配置动态无功电源的效果，并且轨迹灵敏度越大，无功优化效果越好，即轨迹灵敏度指标可以作为动态无功配置具体地点选择的依据。

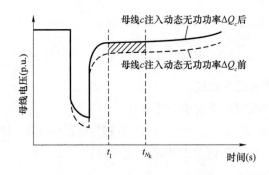

图 8-4　轨迹灵敏度指标的物理意义

8.3.2.2　轨迹灵敏度指标用于动态无功电源的配置地点选择时需要关注的问题

（1）根据轨迹灵敏度指标所确定的动态无功配置地点，仅为当前情况下的最优配置地点，即单一的动态无功配置地点。由于单一集中配置难以达到效果，实际电网中采用多个主导节点的分散配置方式，对于规模较大的实际受端主网架而言，多主导节点的化配置更符合实际应用趋势。然而，根据轨迹灵敏度指标进行多个动态无功配置地点的选择时，每个主导节点均需进行一次循环计算，而每次循环计算中，需对受端主网架内所有母线节点的相关数据进行仿真，计算量很大。

（2）根据式（8-15）或式（8-16）计算各母线节点的传统灵敏度指标值时，母线权重W_b和故障时段权重W_t的取值均为1，权重的确定过于粗糙，甚至有些不合理。由式（8-15）或式（8-16）可知，母线权重和故障时段权重深刻影响着轨迹灵敏度指标的计算准确度。对动态无功优化配置的需求而言，可将受端主网架中的母线节点分为稳定节点和薄弱节点，其中前者指未进行无功优化前即可保持电压稳定的节点，这类节点的稳定性由于受无功功率影响较小，其权重应适当降低。因此，母线权重和故障时段权重还应根据节点情况进行优化。

基于上述问题，本节对轨迹灵敏度指标用于选择动态无功配置节点选择方法的思路进行了优化，构建改进轨迹灵敏度指标，主要改进如下：

（1）缩小轨迹灵敏度指标计算的节点范围和时域仿真故障集的范围：①在计算每个母线节点的轨迹灵敏度指标之前，首选筛选出电压薄弱节点作为动态无功优化配置的备选节点，大大降低需要计算轨迹灵敏度的节点数量，缩小动态无功优化配置节点的考虑范围，从而降低计算复杂度。在备选节点选择时，根据静态母线脆弱性指标$SBVI$和暂态母线脆弱性指标$DBVI$获取，这两个指标可通过式（8-3）和式（8-12）进行计算；②对暂态事故严重性指标$DCSI$按照从大到小进行排序，选择较大者作为时域仿真的关键故障，缩短暂态故障仿真中的场景范围，从而大大降低计算复杂度。暂态事故严重性指标$DCSI$可由式（8-11）计算。

（2）优化母线权重和故障时段权重。故障后各节点的暂态电压稳定性有强弱之分，无功电源配置前的电压稳定节点在配置后依然会保持稳定，无功电源对此类节点的贡献甚小，即稳定节点对动态无功电源配置地点的选择过程基本无影响。若该类节点的权重仍与存在电压稳定问题的薄弱节点的权重相同，则会造成某些节点的轨迹灵敏度值虚高，影响了该指标用于动态无功电源配置地点选择时的准确性。从安装动态无功电源的目的出发，为提高故障后薄弱节点的电压稳定性，电压稳定节点的权重也应该减少。

前已述及，暂态母线脆弱指标可以有效反映节点的暂态电压稳定水平，事故严重性指标可以有效反映故障对系统电压水平的影响程度。因此，本节通过暂态母线脆弱指标和暂态事故严重性指标，对轨迹灵敏度指标进行改进，构建改进轨迹灵敏度指标。在改进轨迹灵敏度指标中，分别用暂态母线脆弱性指标代替节点权重，用暂态事故严重性指标代替故障时段权重，即：

$$\begin{cases} W_b = DBVI_b \\ W_k = DSCI_k \end{cases} \tag{8-17}$$

暂态母线线脆弱性指标$DBVI_b$和暂态事故严重性指标$DCSI_k$的计算公式为式（8-12）和式（8-11）。将暂态母线脆弱性指标$DBVI_b$作为母线权重用于轨迹灵敏度指标的计算，能够反映当前运行条件下暂态 $N-1$ 故障后母线电压的跌落水平，指标值越大表明母线越脆弱；将暂态事故严重性指标 $DCSI_k$ 作为故障权重和母线权重用于轨迹灵敏度指标的计算，能够反映 $N-1$ 故障对系统电压的影响程度，指标值越大表明故障越严重。

8.3.3 动态无功配置地点选择的具体步骤

在确定受端主网架动态无功配置的备选节点后，大大缩小了动态无功配置具体地点的选择范围，对备选节点的所有母线，需要进一步利用相应的方法选择最优的动态无功配置地点。根据前面的介绍，构建出基于改进轨迹灵敏度指标的动态无功配置地点选择方法，如图 8-5 所示，具体步骤如下：

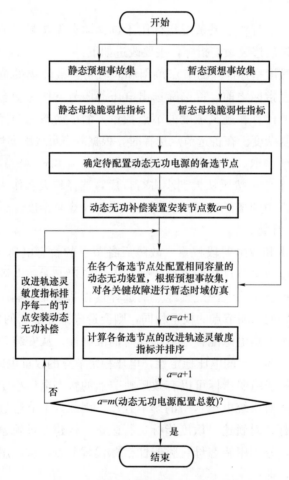

图 8-5 动态无功功率配置地点选择流程图

步骤 1：对全网进行 $N-1$ 事故分析，通过 8.2 节介绍的方法，分别计算出静态预想事故集 F_s 和暂态预想事故集 F_d，并计算所有母线的静态母线脆弱性指标和暂态母线脆弱性指标，获取动态无功配置的备选节点。

步骤2：分别在各备选节点处装设动态无功电源，以 F_d 作为关键扰动集，对系统进行暂态时域仿真。

步骤3：根据步骤2的仿真结果，通过式（8-13）计算各备选节点母线的改进轨迹灵敏度指标，计算时将 DCSI 作为故障时段权重，DBVI 作为母线权重，并利用式（8-15）或式（8-16）计算式（8-13）中所需的故障 k 下母线 c 的轨迹灵敏度。

步骤4：对各备选节点的改进轨迹灵敏度指标进行排序，选取当前最大指标值的母线作为动态无功配置的最佳地点。考虑实际情况，在此处等容量配置相应的动态无功电源。

步骤5：重复进行步骤2～步骤4，直到动态无功配置节点数量达到预期要设置的总数（主导节点数量）时，结束循环，输出所有的动态无功配置地点。

8.4　基于电压暂降风险理论的动态无功配置容量优化方法

8.4.1　技术原理

8.4.1.1　电压暂降风险理论

（1）风险理论。风险无处不在，怎样规避风险是从古至今都是广为关注的话题。如何从已知推测未知，进而采取相应措施，使得可能遭受的风险所导致的损失最小，是人们不断在尝试的事情。通过这些尝试，也不断产生并完善了一些关于风险预测、评估以及规避的理论。现在，这些理论也在诸多领域广为运用，尤其是像金融市场、核能工业、过程控制和空间技术等带有强烈不确定性的产业，所做的许多决策都需要建立在对可能风险因素进行分析与判断的基础上。

风险是指"导致伤害的灾难的发生可能性以及造成伤害的严重程度"，这也是风险理论最为关键的部分。根据风险理论概念理解，风险的两大至关重要的因素分别为：事故发生的可能性与事故发生后导致的后果严重性，其两者的乘积表示了风险指标。风险指标能够定量地表示系统的安全状况，其计算公式如式（8-18）所示。

$$Risk = Pr \times Sev \tag{8-18}$$

式中　$Risk$——研究对象的风险；

　　　Pr——研究对象发生事故的可能性；

　　　Sev——事故发生后对研究对象所造成的后果严重性。

风险分析是指通过风险理论对研究对象进行安全分析的过程——运用一系列逻辑步骤建立一套完整的分析系统，使得设计人员和安全工程师能够通过这个系统的分析来检查机器使用过程中可能造成的灾害，从而采取相应的有效的安全措施。这是欧洲机器安全规范标准对风险分析的定义。

（2）电压暂降。电压暂降是一个存在已久的问题，是伴随着电力系统的出现而存在的。由于传统工业中负荷对电压暂降的敏感度要求较低，所以长期以来电压暂降问题一直未能被人们重视，但随着电力电子设备的高速发展在各个领域已经得到了极为广泛的应用，所以当今由于电压暂降问题而造成的电能质量问题逐渐引起电力工作者高度关注。据权威报道，在欧洲因为电压暂降问题导致用户投诉比例占所有电能质量问题投诉的80％以上，而谐波等引起的电能质量问题导致的投诉不到总体的20％。法国研究组织早在1994年进行的工业抽样调查就体现出，44％的工业用户认为电压暂降对他们的生产活动产生十分严重的破坏，平均每年电压暂降至少导致五起生产被迫停止或设备损坏。

可见，电压暂降与经济损失之间呈现出直接关系，例如，可编程控制器（programmable logic controller，PLC)、计算机和接触器、调速电动机等对电压暂降都相当敏感，因为这些设备中只要任何一个元件因为电压暂降而出现问题都会导致整个机器停止运转。据研究介绍，英国南部某个皮革厂由于持续仅2～3个周波0.9（标幺值）的电压暂降就导致关键负荷的可调速驱动装置出现跳闸事故，导致生产线作业直接中断，这样的一次事件导致的直接经济损失将达到14万英镑。因此，如何有效地解决电压暂降问题将是提高电压稳定的重要环节，也是动态无功优化配置的重要考虑因素。

8.4.1.2　基于电压暂降风险的动态无功配置容量的优化原理

根据风险的原理，电压暂降风险的计算，需要分析电压暂降的可能性和电压暂降的严重性，对这两个方面进行综合，得到电压暂降的风险指标。

（1）电压暂降的可能性。利用蒙特卡洛方法对受端主网架的暂态电压问题进行风险分析，考虑影响各节点电压暂降的经济效果因素作为蒙特卡洛模拟基本模型，包括故障类型、故障地点、故障持续时间以及故障接地阻抗等随机模型。在一般分析中，可根据历史统计情况确定故障类型及其发生概率与持续时间，并对所有节点设置故障地点依次遍历分析；分析蒙特卡罗仿真次数中发生电压暂降的时间与总仿真时间的比例，可得到电压暂降的可能性。统计结束后，可参见表8-1归类统计各节点暂降电压发生的概率情况。表8-1中，P_{ij}表示场景ij对应的电压暂降发生概率（$i=1～5$，$j=1～4$）。

表 8-1　　　　　　　　　　　电压暂降发生频率（概率）统计表

暂降后的电压值（标幺值)*	电压暂降持续时间			
	$[0, 0.1s)$	$[0.1s, 0.3s)$	$[0.3s, 0.6s)$	$[0.6s, +\infty)$
$[0.9, 1]$	P_{11}	P_{12}	P_{13}	P_{14}
$[0.8, 0.9)$	P_{21}	P_{22}	P_{23}	P_{24}
$[0.7, 0.8)$	P_{31}	P_{32}	P_{33}	P_{34}
$[0.6, 0.7)$	P_{41}	P_{42}	P_{43}	P_{44}
$[0, 0.6)$	P_{51}	P_{52}	P_{53}	P_{54}

* 以正常运行时的电压值为基准的标幺值。

（2）电压暂降的严重性。当系统发生电压暂降时，考虑各节点负荷种类很多，各类负荷的电压耐受能力变化范围不一样，但都基本符合电压耐受曲线图，即各敏感负荷都存在正常、故障、不确定区三种运行状态。随着暂降电压降到某一幅值和持续时间的不同，不同敏感负荷的运行状态也不一样。为了简化计算，考虑将所有的敏感负荷等效为一个综合性的敏感负荷进行处理，这里设定：①当电压暂降后的电压值大于 0.9（标幺值）时，敏感负荷正常运行；当电压暂降后的电压值小于 0.6（标幺值）时，敏感负荷全部脱扣。②对于脱扣的敏感负荷，当电压暂降持续时间小于 0.02ms，负荷不动作；当电压暂降持续时间大于 0.3s，敏感负荷全部脱扣。以此建立正常区，故障区和不确定区如图 8-6 所示，即 $U_{max}=0.9$（标幺值），$U_{min}=0.6$（标幺值），$T_{max}=0.3s$，$T_{min}=0.02s$。

正常区和故障区很容易看出，其故障严重程度定为 0 和 1，其物理意义为敏感负荷没有脱扣和全部脱扣；关键是不确定区，考虑到故障发生的严重程度与暂降时间和暂降电压值密切相关，故定义故障严重程度如式（8-19）所示。

$$Q_{ij} = \frac{(U_{max} - U_{ij})(T_{ij} - T_{min})}{(U_{max} - U_{min})(T_{max} - T_{min})} \tag{8-19}$$

式中　Q_{ij}——场景 ij 下的电压暂降的严重程度；

　　　U_{ij}——场景 ij 对应设定电压区间的平均值；

　　　T_{ij}——场景 ij 对应设定时间区间的平均值。

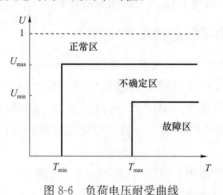

图 8-6　负荷电压耐受曲线

场景 ij 是根据暂降低后的电压值和电压暂降持续时间划分的。正常区、故障区和不确定区的区间情况见表 8-2，同时表 8-2 给出了根据式（8-19）求出不确定区的故障严重程度 Q_{ij} 的分布。

表 8-2　　　　　　　　　　　　　　　　　电压暂降严重程度表

暂降后的电压值 电压暂降持续时间（标幺值）	[0, 0.1s)	[0.1s, 0.3s)	[0.3s, 0.6s)	[0.6s, +∞)
[0.9, 1]	Q_{11}	Q_{12}	Q_{13}	Q_{14}
[0.8, 0.9)	Q_{21}	Q_{22}	Q_{23}	Q_{24}
[0.7, 0.8)	Q_{31}	Q_{32}	Q_{33}	Q_{34}
[0.6, 0.7)	Q_{41}	Q_{42}	Q_{43}	Q_{44}
[0, 0.6)	Q_{51}	Q_{52}	Q_{53}	Q_{54}

（3）基于风险理论的电压暂降经济损失。不同故障率下，电压暂降引起的经济损失值不一样。采用质量工程理论中的质量损失函数对电压暂降经济损失进行评估，评估公

式如下：

$$E_{ij} = K\left[1 - \exp\left(-\frac{Q_{ij}^2}{2\sigma^2}\right)\right] \tag{8-20}$$

式中　E_{ij}——场景 ij 下电压暂降严重程度对应的损失费用；

K——经济损失函数的最大损失值；

σ^2——敏感性参数；

Q_{ij}——场景 ij 下电压暂降的严重程度。

电压暂降造成的年经济损失与暂降发生的年次数、暂降电压概率分布和对应的经济损失有关。因此，定义受端主网架的年电压暂降总经济损失为：

$$R_C = N \times \left[\sum_{i=1}^{5}\sum_{j=1}^{4}(P_{ij} \times E_{ij})\right] \tag{8-21}$$

式中　N——年发生电压暂降次数；

$\boldsymbol{P}$——电压暂降概率矩阵，由表 8-1 中元素根据 $\boldsymbol{P}=(P_{ij})$ 获取；

$\boldsymbol{E}$——电压暂降严重程度对应损失费用矩阵，$\boldsymbol{E}=(E_{ij})$。

8.4.2　动态无功功率配置容量优化方法

8.4.2.1　动态无功功率配置容量优化模型

基于风险理论，将电压暂降目标统一量化成费用形式，并定义年总支出费用作为系统为模型的目标函数。目标函数的组成部分包括：年电压暂降损失费用和动态无功电源的投资费用，提出以年总支出费用最小为目标的优化模型，其可表示为：

$$\min f = R_C + R_S \tag{8-22}$$

式中　R_C——电压暂降损失费用，可通过式（8-21）求解；

R_S——动态无功电源的投资费用。

在 8.4.1 中重点介绍了电压暂降费用求法，下面介绍 R_S 的计算表达式。

动态无功装置在受端主网架中相当于一个可控的动态无功电流源，其无功电流可以快速地跟随负荷无功电流的变化而变化，自动补偿电网系统所需无功功率，对电网无功功率实现动态无功补偿，其无功优化的效果明显但运行和装置费用也相对很高。投资费用可以表示为：

$$R_S = \rho\sum_{i \in U}(\gamma f_i + \delta Q_{Ci}) \tag{8-23}$$

式中　U——动态无功优化配置的安装节点集合；

Q_{Ci}——节点 i 的动态无功配置容量；

δ——动态无功电源的单价；

γ——是否安装动态无功电源，$\gamma=1$ 表示节点安装动态无功电源，$\gamma=0$ 表示该节点不安装动态无功电源；

f_i——节点 i 的安装费用；

ρ——投资回报率。

8.4.2.2 动态无功功率容量优化流程

受端主网架中发生单一故障时，会造成故障点及附近区域发生电压暂降，从而可能引起负荷脱扣，进一步带来经济损失。通过配置动态无功电源可有效降低发生电压暂降后的电压降低值及其持续时间，即降低了故障的严重程度，有利于脱扣负荷量的缩减，间接带来经济效益。

综合上面的介绍，建立受端主网架的动态无功配置容量的优化流程，具体如下：

步骤1：选定受端主网架的分析区域，列出区域内所有仿真对象，依次对各仿真对象进行不同故障类型的仿真，记录各节点的暂降电压值和对应暂降时间，组成数据库。

步骤2：随机产生1000组 (x, y) 数据，对照步骤1中数据库信息，输出对应的暂降电压值和暂降时间，形成暂降电压概率表（按照表8-1形式）。

步骤3：根据给出的参数值，按照式（8-21）。计算电压暂降的年经济损失费用。

步骤4：设定不同的动态无功配置容量，重复操作步骤1～步骤3，求取对应的年总电压暂降费用。

步骤5：对步骤4得到的数据（不同动态无功配置容量时的年总电压暂降费用）进行拟合，求出年总电压暂降费用与配置动态无功容量之间的函数关系。

步骤6：求出总支出费用的函数表达式，并获取年总支出费用最小下对应的最优容量。

8.5 算 例 分 析

针对某实际受端主网架的500kV系统进行分析，制定其动态无功优化配置方案。

（1）进行静态母线脆弱性指标和暂态母线脆弱性指标计算，并确定电压薄弱节点，即动态无功优化配置的备选节点，见表8-3。

表8-3　　　　　　　　　　　500kV的动态无功优化配置的备选节点

备选的母线节点	归一化静态母线脆弱性指标	归一化动态母线脆弱性指标
HengB	1	1
QingY	0.616	0.819
WuY	0.614	0.903
ZongZ	0.571	0.531
BaoB	0.568	0.782
HangH	0.566	0.504
LinH	0.549	0.178
PengC	0.405	0.329
ShiB	0.398	0.445

（2）根据改进轨迹灵敏度指标，在上述9个备选节点中，选择动态无功优化配置的具体地点：第一次计算9个备选节点的改进轨迹灵敏度，得到HengB节点的指标最高，其

改进轨迹灵敏度为 1；第二次计算，得到 9 个备选节点中改进轨迹灵敏度最高的为 QingY 节点；以此类推，最终得到 4 个节点需配置动态无功装置，分别为 HengB、QingY、ShiB、PengC。

（3）基于电压暂降风险理论确定最终的配置容量。仿真统计出暂降电压概率表（按照表 8-1 形式），并通过计算获得电压暂降严重程度表（按照表 8-2 形式），计算不同配置容量下的总经济目标，并拟合为曲线如图 8-7 所示。根据图 8-7 中曲线求解年总支出费用最优值时的配置容量，得到最终的动态无功优化配置方案，即 Heng B、Qing Y、Shi B、Peng C 的配置容量分别为 150、100、100、100Mvar。

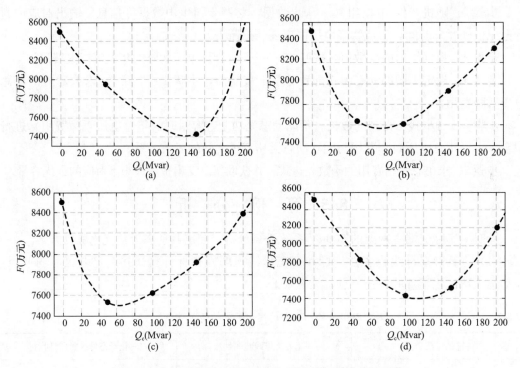

图 8-7　各配置地点的配置容量与总经济目标的关系曲线

（a）HengB 节点；（b）QingY 节点；（c）ShiB 节点；（d）PengC 节点

第9章 受端主网架的分区运行技术

受端主网架的分区运行是适应特高压落点、支撑安全稳定的必然选择，主要通过500/220kV 电磁环网的合理解环，实现 220kV 电网分区供电。目前，受端主网架尚存在不合理分区运行方式所带来的弊端，主要表现为：①分区不合理导致受端主网架对中远期的短路电流适应性不足，而通过合理的分区方案能够有效降低整体短路水平，消除短路带来的安全问题；②分区不合理导致受端主网架中的无功功率就地平衡效果较差，无功功率是保障安全稳定，特别是电压稳定的重要支撑，而经远距离传输的无功功率难以支撑远端电压稳定，并会给电力系统带来较大冲击。

与之相对应，目前受端主网架分区运行技术有两个方面：①第 I 类技术是受端主网架分区运行的工程分区方法，以降低整体短路电流为目的，同时适当考虑分区内的有功功率供需平衡；②第 II 类技术是受端主网架分区运行的无功分区方法，针对无功功率支撑的合理性进行分区，主要目的是保障无功功率在分区内"就地平衡"，降低无功功率的远距离传输。为此，本章通过两个小节分别进行介绍：①工程技术领域的受端主网架分区运行；②基于无功功率的受端主网架分区运行技术。

9.1 工程技术领域的受端主网架分区运行

9.1.1 受端主网架分区运行概述

9.1.1.1 受端主网架分区供电需求

《电力系统安全稳定导则》（GB 38755—2019）中明确规定：随着高一级电压电网的建设，下级电压电网应逐步实现分区运行，相邻分区之间互为备用，以避免和消除严重影响电网安全稳定运行的不同电压等级的电磁环网，并有效限制短路电流，简化继电保护配置。目前，在实际工程中，电网分区主要考虑电网的短路电流水平及电磁环网运行控制。

随着我国特高压交直流电网的建成投运，华东、华北、华中等地区形成了诸多具有特高压交直流混联格局的典型受端电网。特高压电网即为《电力系统安全稳定导则》（GB 38755—2019）中所述的"高一级电压"的电网，因此受端主网架、特别是 220kV 网架，将逐步实现分区供电。

通过特高压落点实现大规模区外电力受入，在缓解受端主网架高峰供电紧张的同时，也给电网运行控制带来了新问题。接受直流大功率电力时，直流系统对网内常规电源的置换效应进一步加剧，导致受端主网架内部分区受电比例增大，在严重故障下将导致受端主网架中部分分区在孤网运行后可能存在严重的频率和电压问题。在这种大功率受电方式下，单纯依靠低频、低压减载难以保证分区电网孤网后的安全稳定运行，需要预控分区交换功率或增加孤网后紧急联切负荷的策略，这在无形中增加了电网切负荷风险，存在较大的电力安全事故隐患，受端主网架的分层分区方案需要根据电网发展变化进行优化。

因此，为了适应主网架发展形势、保障安全稳定性，受端主网架应逐步实现分区供电。受端主网架的分区运行的目的有两个：①提高运行中调度控制的灵活性，避免事故扩大；②提升运行质量，降低短路电流水平，保障无功功率满足分层分区的原则。

9.1.1.2　受端主网架分区原则

受端主网架分区原则包含以下三方面：

（1）以 500kV 和 220kV 电磁环网为分析对象，根据电力流向情况、短路电流情况合理选择分区断面。220kV 分区供电应该以满足短路电流优化为首要前提，同时应有助于降低电网事故风险并简化运行方式。优先考虑与重要 500kV 送电断面相重叠的 220kV 通道作为分区界面，弱化 220kV 电网的输电功能。

（2）实现分区供电后，各分区应至少保留 2 回线路与其他分区互相联络。一般运行方式下可供各供电分区之间进行转带负荷，提高各分区之间负荷互济能力，总体上提高500kV 变压器利用效率；在发生重大灾害和特大事故等极端条件下，可作为供电区之间的支援通道。

（3）在分区时应同时兼顾电源安排与分区供电的统筹协调，从供电安全角度，尽量考虑各分区内拥有一定数量的支撑电源且分散接入，在严重事故情况下便于尽快恢复供电。

9.1.2　受端主网架分区运行的工程方法

在传统工程技术领域，受端主网架分区运行基于有功潮流分布，通常以降低短路电流为目标。受端主网架进行分区运行方式优化的触发条件为：受端主网架中存在母线节点的实际短路电流超过或接近其可承受的短路电流极限；受端主网架分区运行的分区方式为：打开 500/220kV 电磁环网，形成新的 220kV 电网供电分区。受端主网架物理分区的工程方法具体流程如图 9-1 所示。

从图 9-1 中可见，受端主网架分区的工程方法中有两个关键环节：①计算母线节点的短路电流；②根据"短路超标"母线（即实际短路电流或接近短路极限）周边的网架情况，如何选择 220kV 线路断开方案。

（1）短路电流计算是指，对受端主网架中所有的母线进行三相短路电流和单相短路电流的计算，并通过短路计算结果与短路电流极限值之间的对比来判断是否存在短路超标母线。母线的短路极限应根据开关设备的情况确定，通常情况下，500kV 母线的短路电流极限为 63kA，220kV 母线的短路电流为 50kA；而当 500kV 母线的短路电流达到 60kA、220kV 母线的短路电流达到 48kA 时，可认为超标，即短路电流大于的 60kA 的 500kV 母线节点和短路电流大于 48kA 的 220kV 母线节点均为短路超标母线，需采取相应的分区运行措施。

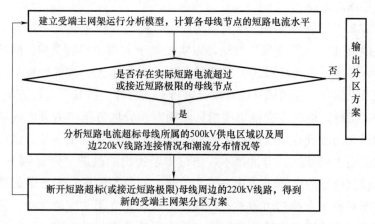

图 9-1　考虑短路电流约束的受端主网架物理分区方法

（2）选择 220kV 线路断开方案时，通常通过人工经验确定，应遵循以下原则：①断开的 220kV 线路所组成的电磁环网结构应对周边短路电流，特别是"短路超标"母线的短路电流的抑制作用较强；②断开的 220kV 线路在正常运行方式下承担的潮流传输功率较小；③必要时考虑 500kV 供电区域和行政地理位置的影响，即在满足上面两个原则时，优先按照地理形成区域或 500kV 供电区域形成新的 220kV 供电分区。按照上述三个原则，以人工经验确定断开的 220kV 线路，形成 220kV 线路断开方案。

9.2　受端主网架的无功分区运行技术

9.2.1　无功分区的技术原理

在 9.1 节中已经述及，受端主网架逐步实现分区运行是特高压电网建设的本质要求，而实现无功功率的就地平衡是受端主网架分区运行的目标之一，即受端主网架无功分区运行。随着我国电网规模的扩大，无功优化和电压控制是主网架安全稳定的重要保障。由于无功优化和电压控制的复杂性，一般采取分层分区的控制方案。基于无功功率的受端主网架分区运行方式，可从地理上解耦大规模的被控电网，实现各分区的信息解耦，缩小控制策略的搜索空间，从而提高无功优化和电压控制的鲁棒性。因此，受端主网架无功分区运行具有更普遍的应用价值和技术需求。

近年来，随着复杂网络理论的发展，电网已被证实为典型的复杂网络，而复杂网络所普遍具有的社团结构成为受端主网架分区运行技术研究的一个新视角。复杂网络社团划分方法适用于对受端主网架运行分区的划分，通常采用分裂算法或凝聚算法进行。然而，这类方法具有一定缺陷：①算法复杂度较高，需要反复计算线路介数或模块度指标；②分区方案制定时，没有考虑区域内无功功率源的控制能力，可能出现分区内无功功率控制能力不足的现象；③分区方案没有充分考虑无功功率的平衡效果，可能出现不满足无功功率就地平衡的现象。

因此，本节基于复杂网络中的社团结构属性，提出一种考虑无功源容量约束和无功功率平衡效果的改进"分裂-凝聚"算法，以实现基于无功功率的受端主网架分区运行技术。在分裂时，考虑每个无功源的控制容量约束建立每个无功源的受控节点结合，根据无功源的受控节点集合之间的耦合性对集合进行初步合并，得到预分区方案；在凝聚时，构建改进模块度指标，根据改进模块度指标不断对预分区方案中的分区区域进行两两合并，直到达到最大的改进模块度时结束合并，得到最终的受端主网架分区运行方案。基于无功功率的受端主网架运行分区技术，通过本节提出的改进"分裂-凝聚"算法实现，兼顾了无功源控制容量约束和无功功率平衡效果。在分裂阶段，考虑了无功源的控制能力，保障无功源对整个系统的可控性；在凝聚阶段，建立了"穿越无功"的概念并用于构建复杂网络模型和计算改进模块度指标，提升无功功率传输效率，优化无功功率就地平衡效果。

9.2.2 考虑无功源容量约束的受端主网架无功分区运行技术

9.2.2.1 改进"分裂-凝聚"算法的基本流程

基于无功功率的受端主网架分区运行技术，是通过本节提出的改进"分裂-凝聚"算法实现的，因此下面重点介绍改进"分裂-凝聚"算法。改进"分裂-凝聚"算法的基本流程如图 9-2 所示。

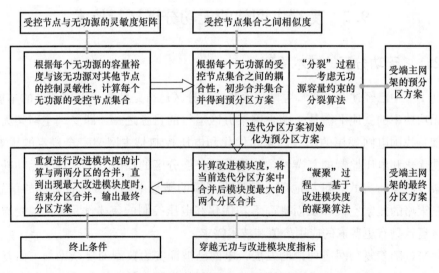

图 9-2 改进"分裂-凝聚"算法的基本流程

从图中可见，改进"分裂-凝聚"算法包括分裂和凝聚两个过程：前者对应的算法为考虑无功源容量约束的分裂算法，旨在通过确定每个无功源的控制区域并进行初步合并，获取受端主网架的预分区方案；后者对应的算法为基于改进模块度的凝聚算法，旨在通过改进模块度对预分区方案中的各个区域进行合并，获取受端主网架的最终分区方案。因此，技术流程中的两个关键环节为考虑无功源容量约束的分裂算法和基于改进模块度的凝聚算法。

9.2.2.2 考虑无功源容量约束的分裂算法

（1）无功源与受控节点的灵敏度矩阵。在基于无功功率的受端主网架分区运行技术中，无功源的无功功率出力对受控节点电压的灵敏度是常采用量化指标，为此要首先建立无功源与受控节点的灵敏度矩阵，其元素表征某无功源对某受控节点的控制灵敏度。下面介绍无功源与受控节点的灵敏度矩阵。

首先，假设受端主网架共有 n 个节点（其中包括 r 个无功源所在的节点），写出受端主网架中的无功功率和电压的线性化模型：

$$\begin{bmatrix} \Delta \boldsymbol{Q}_{\mathrm{S}} \\ \Delta \boldsymbol{Q}_{\mathrm{L}} \end{bmatrix} = \begin{bmatrix} \boldsymbol{S}_{\mathrm{SS}} & \boldsymbol{S}_{\mathrm{SL}} \\ \boldsymbol{S}_{\mathrm{LS}} & \boldsymbol{S}_{\mathrm{LL}} \end{bmatrix} \begin{bmatrix} \Delta \boldsymbol{V}_{\mathrm{S}} \\ \Delta \boldsymbol{V}_{\mathrm{L}} \end{bmatrix} \tag{9-1}$$

式中　　　　$\Delta \boldsymbol{Q}_{\mathrm{S}}$——各无功源的无功功率变化量组成的向量，$\Delta \boldsymbol{Q}_{\mathrm{S}} \in \boldsymbol{R}^{r}$（$R$ 为实数集）；

$\Delta \boldsymbol{V}_{\mathrm{S}}$——各无功源的电压变化量组成的向量，$\Delta \boldsymbol{V}_{\mathrm{S}} \in \boldsymbol{R}^{r}$；

$\Delta \boldsymbol{Q}_{\mathrm{L}}$——各负荷的无功功率变化量组成的向量，$\Delta \boldsymbol{Q}_{\mathrm{L}} \in \boldsymbol{R}^{n-r}$；

$\Delta \boldsymbol{V}_{\mathrm{L}}$——各负荷的电压变化量组成的向量，$\Delta \boldsymbol{V}_{\mathrm{L}} \in \boldsymbol{R}^{n-r}$；

$\boldsymbol{S}_{\mathrm{SS}}$、$\boldsymbol{S}_{\mathrm{SL}}$、$\boldsymbol{S}_{\mathrm{LS}}$ 和 $\boldsymbol{S}_{\mathrm{LL}}$——灵敏度矩阵参数。

无功源的出力变化应该分两种情况：①负荷的无功功率波动引起的无功功率源出力自然响应；②无功源主动调节无功功率。目的是使得受控节点电压恢复到正常范围。

在自然响应阶段，无功源所在节点的电压不变，即 $\Delta \boldsymbol{V}_{\mathrm{S}} = 0$，则：

$$\Delta \boldsymbol{V}_{\mathrm{L}} = \boldsymbol{S}_{\mathrm{LL}}^{-1} \Delta \boldsymbol{Q}_{\mathrm{L}} \tag{9-2}$$

$$\Delta \boldsymbol{Q}_{\mathrm{S}} = \boldsymbol{S}_{\mathrm{SL}} \boldsymbol{S}_{\mathrm{LL}}^{-1} \Delta \boldsymbol{Q}_{\mathrm{L}} \tag{9-3}$$

在主动控制阶段，负荷节点的注入无功功率不变，即 $\Delta \boldsymbol{Q}_{\mathrm{L}} = 0$，则：

$$\Delta \boldsymbol{V}_{\mathrm{L}} = -\boldsymbol{S}_{\mathrm{LL}}^{-1} \boldsymbol{S}_{\mathrm{LS}} \Delta \boldsymbol{V}_{\mathrm{S}} \tag{9-4}$$

$$\Delta \boldsymbol{V}_{\mathrm{L}} = -\boldsymbol{S}_{\mathrm{LL}}^{-1} \boldsymbol{S}_{\mathrm{LS}} (\boldsymbol{S}_{\mathrm{SS}} - \boldsymbol{S}_{\mathrm{SL}} \boldsymbol{S}_{\mathrm{LL}}^{-1} \boldsymbol{S}_{\mathrm{LS}})^{-1} \Delta \boldsymbol{Q}_{\mathrm{S}} \tag{9-5}$$

为了抑制负荷无功功率波动引起的电压变化，无功源需要调整的其无功功率出力且应满足：

$$\boldsymbol{S}_{\mathrm{LS}} (\boldsymbol{S}_{\mathrm{SS}} - \boldsymbol{S}_{\mathrm{SL}} \boldsymbol{S}_{\mathrm{LL}}^{-1} \boldsymbol{S}_{\mathrm{LS}})^{-1} \Delta \boldsymbol{Q}_{\mathrm{S}} = \boldsymbol{K} \Delta \boldsymbol{Q}_{\mathrm{L}} \tag{9-6}$$

式中　$\boldsymbol{K}$——电压调节系数组成的对角阵（该参数用来反映电压控制的松弛程度）。

综上所述，按照式（9-7）建立无功源与受控节点的灵敏度矩阵：

$$\boldsymbol{M}_{\mathrm{LS}} = \boldsymbol{S}_{\mathrm{LS}} (\boldsymbol{S}_{\mathrm{SS}} - \boldsymbol{S}_{\mathrm{SL}} \boldsymbol{S}_{\mathrm{LL}}^{-1} \boldsymbol{S}_{\mathrm{LS}})^{-1} \tag{9-7}$$

（2）每个无功源的受控节点集合。无功源调节受到其容量的限制，因此无功源的实际调整出力应该满足下面的约束：

$$\Delta \boldsymbol{Q}_S \leqslant \boldsymbol{Q}_{S,\max} - \boldsymbol{Q}_S - \boldsymbol{S}_{SL}\boldsymbol{S}_{LL}^{-1}\Delta \boldsymbol{Q}_L \tag{9-8}$$

式中　$\boldsymbol{Q}_S$——负荷波动前各无功源的无功功率出力所组成的向量；

$\boldsymbol{Q}_{S,\max}$——各无功源的无功功率出力上限所组成的向量。

当式（9-8）取等号时，可得到每个无功源的最大可调整出力，即无功源容量裕度上限：$\Delta \boldsymbol{Q}_{S,\max} = \boldsymbol{Q}_{S,\max} - \boldsymbol{Q}_S - \boldsymbol{S}_{SL}\boldsymbol{S}_{LL}^{-1}\Delta \boldsymbol{Q}_L$；其中，$\Delta \boldsymbol{Q}_{S,\max}$ 为各无功源的容量裕度上限所组成的向量。

由于无功源的容量限制，每个无功源对其所有受控节点的电压并不完全控制。无功源的调节能力是受端主网架各分区内实现无功功率有效控制的重要前提，因此需首先建立每个无功源的受控节点集合。

记灵敏度矩阵为 $\boldsymbol{M}_{LS} \in \mathbb{R}^{(n-r)\times r}$；当负荷 j 的无功功率发生波动时，假设只对第 i 个无功源进行调节，其他无功源出力不变，该无功源的无功功率出力调整量为：

$$\Delta Q_{Si} = \sum_{j=1}^{n-r} \frac{K_j \Delta Q_{Lj}}{M_{Lj,Si}} \tag{9-9}$$

式中　ΔQ_{Si}——无功源 i 的无功功率出力调整量，即向量 $\Delta \boldsymbol{Q}_S$ 中的第 i 个元素值；

ΔQ_{Lj}——负荷 j 的无功功率波动量，即向量 $\Delta \boldsymbol{Q}_L$ 中的第 j 个元素值；

K_j——电压调节系数，通常取值为 1；

$M_{Lj,Si}$——无功源 i 与负荷 j 之间的灵敏度关系，即矩阵 $\boldsymbol{M}_{LS}$ 的第 j 行第 i 列的元素值。

设负荷 j 的无功功率波动量 ΔQ_{Lj} 与初始无功功率出力 Q_{Lj} 成正比，电压调节系数 K_j 为 1。根据灵敏度关系 $M_{Lj,Si}$ 值按照由大到小进行排序，可得到无功源 i 的受控节点集合 C_i，即受控节点集合 C_i 是使其满足式（9-10）的所有负荷节点的集合。

$$\sum_{j\in C_i} \frac{Q_{Lj}}{M_{Lj,Si}} \leqslant \Delta Q_{Si}^{\max} \tag{9-10}$$

其中，$\Delta Q_{Si}^{\max}$ 为式（9-8）定义的无功源 i 的容量裕度的上限，即向量 $\Delta \boldsymbol{Q}_{S,\max}$ 中的第 i 个元素值。

（3）每个无功源的受控节点集合及其之间的耦合性。一般在受端主网架的各分区中都含有多个无功源，因此根据式（9-10）得到的受控节点集合之间会存在若干交集，据此可以将强耦合的无功源合并到一个初始分区，合并的依据就是各无功源受控节点集合之间的耦合性。为此，建立了无功源最大受控节点之间的相似度指标作为耦合程度的表征指标。

记无功源 i 得到的受控节点集合为 C_i，$i=1,\cdots,r$。集合 C_j 和 C_i 元素的重叠个数占集合 C_j 的比例可以写成：

$$O_{ij} = \frac{num(C_i \bigcap C_j)}{num(C_j)} \quad i,j=1,\cdots,r \tag{9-11}$$

于是，两个无功源的受控节点集合的相似度为

$$L_{ij} = O_{ij}O_{ji} \quad i,j = 1, \cdots, r \tag{9-12}$$

（4）考虑无功功率源容量约束的分裂算法流程。综上，可以得到考虑无功源容量约束的分裂算法的具体流程如下。

步骤1：根据式（9-7）计算无功源与受控节点的灵敏度矩阵。

步骤2：依次对无功源 i 的灵敏度向量 $\boldsymbol{M}_{LS_i}$ 中的所有元素按照从大到小进行排序（ $i=1, 2, \cdots, r$ ）。

步骤3：依次向无功源控制节点集合中增加灵敏度最大的节点，直到不满足式（9-10）时，获得每个无功源对应的受控节点集合 C_i , $i=1, \cdots, r$ 。

步骤4：依据式（9-12）计算集合两两之间的相似度，根据相似度对受控节点集合进行合并。

步骤5：将合并后的各集合之间存在交集的节点进行单一划分，得到受端主网架的初始分区。

通过上述流程，获得了考虑无功源控制容量和耦合程度的预分区方案，即受端主网架的初始分区。

9.2.2.3　基于改进模块度的凝聚算法

（1）基于无功功率传输效率的分区模块度。通过考虑无功源容量约束的分裂算法得到的受端主网架预分区方案还需要进一步合并，以达到无功功率的就地平衡和分区控制等目的。为此，需要通过基于改进模块度的凝聚算法对预分区方案中的分区区域进行合并。在本节中，改进复杂网络中的模块度指标——Q 函数，并以此作为"凝聚"时的度量指标，称为改进模块度。

首先，介绍模块度指标（Q 函数）的一般形式。模块度可以衡量复杂网络中社团划分的质量，其主要思想是将划分社团后的网络与相应的零模型比较，以度量社团划分效果。模块度可以表示为：

$$
\begin{aligned}
Q &= \frac{1}{2M}\sum_{ij}\left(\boldsymbol{a}_{ij} - \frac{k_i k_j}{2M}\right)\sum_v \delta(D_i, v)\delta(D_j, v) \\
&= \sum_v \left[\frac{1}{2M}\sum_{ij}\boldsymbol{a}_{ij}\delta(D_i, v)\delta(D_j, v) \right. \\
&\quad \left. - \frac{1}{2M}\sum_i k_i \delta(D_i, v) \frac{1}{2M}\sum_j k_j \delta(D_j, v) \right] \\
&= \sum_v \left[e_w - a_v^2 \right]
\end{aligned}
\tag{9-13}
$$

式中　M——整个网络边数；

　　　$\boldsymbol{a}_{ij}$——实际网络的邻接矩阵；

　　　D_i——节点 i 所在的社团；

　　　k_i——节点 i 的度；

k_j——节点 j 的度；

e_w——每个社团 v 内部节点之间的连边数占整个网络边数的比例；

a_v——一端与社团 v 中节点相连的连边的比例的函数；

$\delta(i, j)$——分区异同函数；若节点 i 和节点 j 被分在同一个分区，则函数 $\delta(i, j)=1$，否则 $\delta(i, j)=0$。

为了反映无功功率的传输效率，采用线路阻抗表征分区的电气紧密程度，将线路传输的"穿越无功"和线路阻抗的乘积作为线路权重，并将其定义为：

$$w_{ij} = Q_{ij-\text{cross}} \times z_{ij} \tag{9-14}$$

式中 w_{ij}——线路 ij 的权重；

z_{ij}——线路 ij 的阻抗；

$Q_{ij-\text{cross}}$——线路 ij 的"穿越无功"。

其中，"穿越无功"的定义如下：在电网中，线路 ij 的穿越无功为线路 ij 的净传送无功功率，即线路实际传输的无功减去该线路注入两端节点的无功功率之差。穿越无功 $Q_{ij-\text{cross}}$ 的计算公式为：

$$Q_{ij-\text{cross}} = \frac{Q_{ij-\text{front}} + Q_{ij-\text{end}}}{2} - (Q_{i-ij} + Q_{j-ij}) \tag{9-15}$$

式中 $Q_{ij-\text{front}}$——线路 ij 送入端的无功功率；

$Q_{ij-\text{end}}$——线路 ij 送出端的无功功率；

Q_{i-ij}——线路 ij 注入节点 i 的无功功率；

Q_{j-ij}——线路 ij 注入节点 j 的无功功率。

式（9-14）中定义的线路权重越大，说明越多的无功功率通过远距离传输，因此无功功率的传输效率越低，该权重兼顾了无功功率联系和电气阻抗联系。根据式（9-14）和式（9-15）所定义的线路权重，构建改进模块度，以反映无功功率在分区内的平衡度，保障较优的无功功率传输效率。在受端主网架的某个特定分区方案下，其改进模块度是指，通过"穿越无功"定义的权重计算得到的模块度，计算公式如下：

$$Q_{\text{w}} = \frac{1}{2W} \sum_{ij} \left(w_{ij} - \frac{s_i s_j}{2W} \right) \delta(D_i, D_j) \tag{9-16}$$

式中 W——网络中所有线路的权重之和；

w_{ij}——线路 ij 的权重；

s_i 和 s_j——分别是节点 i 和节点 j 的强度，即与节点 i 或与节点 j 相连的所有线路的权重和。

（2）基于改进模块度的凝聚算法流程。

综上，可以得到基于改进模块度的凝聚算法流程如下：

步骤1：建立电网的加权图模型，其中线路权重按照式（9-14）、式（9-15）计算。

步骤2：沿着使模块度 Q_{w} 增加最多或者减少最小的方向，依次合并有边相连的分区，计算每次合并后的模块度和相应的合并后分区方案。

步骤 3：寻找每次合并后计算的模块度 Q_w 的最大值，如果第 t 次合并后的模块度 Q_w^t 为迭代过程中最大的模块度，则第 t 次合并后的分区方案即为最优的分区方案。

通过上述流程，完成了基于改进模块度的凝聚过程，获得了能够使无功功率平衡效果得到优化的最优分区方案，也就是受端主网架的最终分区方案。

第 10 章 总 结

随着我国"西电东送"等电力能源战略的推进，特高压电网和电力跨区输送，成为当前和未来的能源发展模式，我国中东部地区也随之形成了多个受端系统，其中 220kV 及以上电压等级的系统则构成了受端主网架。在能源安全新战略的进程中，受端主网架的规模日益增加，电源结构和电网结构也发生了深刻变化，造成潜在安全稳定问题突出，安全稳定优化正面临着诸多挑战。

本书以受端主网架存在的各类安全稳定问题为切入点，结合当前相关技术的缺陷，提出未来受端主网架所需的 7 个系列技术，旨在保障受端主网架的安全性和稳定性。所介绍的 7 个系列包括受端主网架的仿真计算与分析（第 3 章）、受端主网架的薄弱环节评估技术（第 4 章）、受端主网架的电网规划技术（第 5 章）、受端主网架的可再生能源适应性评价与优化技术（第 6 章）、受端主网架的电压控制技术（第 7 章）、受端主网架的动态无功优化配置技术（第 8 章）、受端主网架的分区运行技术（第 9 章），共同构成了受端主网架安全稳定保障技术。

表 10-1 对本书多介绍的各技术的详细名称、技术原理、技术优势、适用范围等进行了概括性总结。

表 10-1　　　　　　　　受端主网架安全稳定优化技术的总结

技术分类	详细技术	技术原理	应用领域
受端主网架的仿真计算与分析	受端主网架仿真计算	PSD 系列软件的应用、全过程动态仿真的应用	基础分析与评估业务，是电网规划设计、运行方式优化、调控策略制定等领域的基础
	受端主网架结构分析	复杂网络理论	
受端主网架的薄弱环节评估技术	基于 HITS 算法的受端主网架薄弱线路评估技术	复杂网络脆弱性评估、改进的超链接诱导主题搜索算法	
	基于综合电压稳定指标的薄弱节点评估方法	电力系统仿真模拟、构建的综合电压稳定指标	
受端主网架的电网规划技术	工程技术领域的受端主网架规划	电力平衡分析、容载比分析、电气计算分析	电网规划领域
	受端主网架的实用规划技术	方案校核筛选、适应性指构建标、电力系统仿真	
受端主网架可再生能源适应性评价与优化技术	受端主网架的可再生能源适应性评价	构建的基于灵活性的网架适应性评价指标	可再生能源业务，涉及评估规划、调度控制等领域
	受端主网架的可再生能源适应性评价与优化技术	考虑可控负荷参与度的虚拟电厂优化调度模型	

续表

技术分类	详细技术	技术原理	应用领域
受端主网架的电压控制技术	受端主网架电压控制的动态模型降阶技术	Gramian 平衡降阶、Gramian 平衡矩阵的对角加速	电网运行优化与调度控制领域
	受端主网架的动态分层电压预测控制技术	电压控制的动态分层结构、增设"轨迹更新控制"子层	
受端主网架的动态无功优化配置技术	基于电压薄弱节点的动态无功配置备选节点确定方法	静态母线脆弱性指标和暂态母线脆弱性指标	无功优化配置业务，涉及电网规划设计、运维检修、调度控制等多个领域
	基于改进轨迹灵敏度的动态无功配置地点的选择方法	构建的改进轨迹灵敏度指标	
	基于电压暂降风险理论的动态无功配置容量优化方法	电压暂降的经济损失和风险理论	
受端主网架的分区运行技术	工程技术领域的受端主网架分区运行	短路电流降低、打开 500/220kV 电磁环网	电网分区运行业务，属于电网运行优化领域
	基于无功功率的受端主网架分区运行技术	改进的"分裂-凝聚"算法、考虑无功源容量约束的分裂算法、基于改进模块度的凝聚算法	

　　表 10-1 是对本书介绍的所有受端主网架安全稳定优化技术的全面总结，可供广大技术人员和相关科研人员在进行参考学习或选择所需的应用技术时进行查阅。

参 考 文 献

［1］ 汪小帆，李翔，陈关荣. 复杂网络理论及其应用［M］. 北京：清华大学出版社，2006.

［2］ 郭剑波，于群，贺庆. 电力系统复杂性理论初探［M］. 北京：科学出版社，2012.

［3］ 易俊，周孝信，肖逾男. 具有不同拓扑特征的中国区域电网连锁故障分析［J］. 电力系统自动化，2007，31（10）：7-10.

［4］ 孟仲伟，鲁宗相，宋靖雁. 中美电网的小世界拓扑模型比较分析［J］. 电力系统自动化，2004，28（15）：21-29.

［5］ 魏震波，苟竞. 复杂网络理论在电网分析中的应用与探讨［J］. 电网技术，2015，39（01）：279-287.

［6］ 中国电力科学研究院系统研究所. PSD 系列程序培训手册［R］. 北京. 2007.

［7］ 袁博，张文一，张雪敏. 基于改进 HITS 算法的电网脆弱集合快速评估［J］. 电力系统及其自动化学报，2020，32（04）：145-150.

［8］ 袁博，程林，陈亮，等. 考虑元件运行可靠性的电网脆弱性评估方法［J］. 电力系统及其自动化学报，2019，31（08）：102-107.

［9］ 王颖，赵俊楷，侯杰群. 基于一种综合指标的河北南网静态电压稳定分析［J］. 智能电网，2016，4（11）：1093-1098.

［10］ 王颖，林酉阔，兰晓明，等. 考虑随机波动性可再生能源的传统电源灵活性分析［J］. 电力建设，2017，38（01）：131-137.

［11］ 赵洪山，刘然. 奖惩机制下虚拟电厂优化调度效益分析［J］. 电网技术，2017（09）：109-116.

［12］ 赵洪山，兰晓明，王颖，等. 基于平衡 Gramian 的电力系统电压预测控制研究［J］. 中国电机工程学报，2016，36（22）：6038-6048.

［13］ 赵洪山，兰晓明，赵俊楷，王颖，米增强. 电力系统电压非线性分层预测控制研究［J］. 中国电机工程学报，2016，36（15）：4162-4171.

［14］ 王颖，侯杰群，赵俊楷. 基于改进轨迹灵敏度的动态无功电源配置方法［J］. 电气应用，2017，36（18）：18-22，54.

［15］ 袁博，张雪敏，张至美. 考虑无功源容量约束的电网无功分区方法［J］. 电力电容器与无功补偿，2020，41（01）：59-65＋71.